JN052403

能力はどのように遺伝するのか

「生まれつき」と「努力」のあいだ

安藤寿康　著

ブルーバックス

カバー装幀　五十嵐 徹（芦澤泰偉事務所）
カバー画像　八木ヨシユキ
本文デザイン　齋藤ひさの
本文図版　さくら工芸社

はじめに

「能力は遺伝か環境か」「一流になるのは才能か、努力か」といった議論は、えてして上滑りなものになりがちだ。

取り上げられる具体的な「能力」はといえば、たいていＩＱや学力、あるいは将棋やチェス、数学の能力のようないわゆる「知能（頭のよさ）」か、運動能力や芸術的才能のような「技能（わざ）」に集中する。そしてそれが「遺伝だ」というと、そうした能力の高い低いを決める決定因子として「遺伝」が捉えられ、最近ではＣＯＭＴとか５ＨＴＴなど、特定の名前のついた働きのわかっている具体的な候補遺伝子が挙げられることもある。いっぽう「環境」のほうは、遺伝と対立するもう一つの決定因子として登場する。そして環境の影響があれば遺伝の影響はない、逆に遺伝だとすれば環境は関係ないかのごとく語られる。教科書には遺伝と環境は相互作用すると記載されるようになって久しいにもかかわらず、巷《ちまた》の議論はたいていこの程度だ。

この世の中で実際に働いている能力、今日あなたが朝起きてからいままでにやっていたことに使われていた能力を思い返してみよう。

起きる時間を決めて、その時間にすっきり起きることができたか、朝食には何をどのくらいの量、どれくらいの時間をかけて食べたか、歯磨きをどれだけ丁寧にしたか、クローゼットからきょうは何の服を選んだか、クローゼットの中は整頓されていたか、きちんと洗濯やアイロンがけをしているか、着替えながらきょう一日どの仕事をどの順番でやるか考えていたか、それを前向きな気持ちでできそうに感じたか、職場に到着してから段取りよく仕事に取りかかれたか、仲間や上司がどんな気持ちでどんな仕事をしているか理解できていたか、その仕事が社会の中でどのような働きをしているかがわかって仕事をしていたか、そこで自分は何をどの程度できているか、その仕事をよりよくするための学習をしているか、失敗したときはどう考えるか、仕事以外の楽しみを充実させているか、家族への心配りはできているか、自分の住む地域の人たちとよい関係が築けているか、etc.……。

これら日常のありとあらゆる行動と判断、それにともなう感情の背後に、ことごとくあなたの能力が発揮されている。そしてどの能力をとっても、それらは生まれつき身につけていたわけではなく、そこで使われる知識や技能を少しずつ学習した末に獲得されたものであり、それは環境が変わればまた変化し、とどまることがない。

そして、それらのどの側面を他人と比較しても、誰一人同じことをしていない。瞬間的には同じことをする人がいても、次の瞬間はそれぞれが異なる行動をし、その行動の連鎖には人の数だけの多様性と個人差がある。

その個人差と個性の源にあるのが、遺伝子である。そこに関与する膨大な数の遺伝子たちの働きには、それぞれに個人差がある。これら想像できないほど多様な能力と、それを支える豊富な文化的知識や技能、それを育む学習と教育の過程までを考慮し、たくさんの遺伝子の発現メカニズムとの関連や相互作用まで含めて考察された「能力の遺伝と環境」についての議論を見かけることは、残念ながらほとんどない。多くは「能力は環境と努力の賜物《たまもの》」などといった空疎な理念にとどまり、上滑りの議論へと突入してしまっている。

本書ではそこのところについて、最新の「行動遺伝学」と、その関連領域の知見をふまえて、これまでにない緻密な考察をしてゆく。まだわかっていないこともたくさんあるが、すでにわかっていることから推理と想像を働かせて、能力に及ぼす遺伝の影響と、能力の獲得・成長に関わる文化的知識の学習過程も考慮しながら、その知見がもつ社会的、人間的な意味を、現在のみならず未来をも見据えて考察したい。

現在にとどまらず未来にまで空想の翼を広げるのはフライングのようだが、能力の遺伝というテーマでは、これからの可能性まで思考実験しながら現在の研究成果を位置づけることは、とくに全ゲノムスキャンや遺伝子編集の技術、それを支えるＡＩを駆使した高度情報処理技術の発展の目覚ましい今日、避けて通ることはできない。なぜならそれは、優生学や能力主義的教育、遺伝子診断にもとづく職業選抜の可能性などの、社会的問題と隣り合わせだからである。また、行動遺伝学はかつての優生学、つまり優れた遺伝的素質を残して劣等な遺伝子の持ち主は断種したり殺害したりして、「よりよい」人間社会をつくろうとした、かつての優生政策の科学的根拠とも隣り合わせだからである。それだけではない。20世紀前半まで盛んだった、国家が主導する優生政策よりも、むしろ各人が自由で民主的に「優れた遺伝的素質」を予測し選別し、設計することすら技術的に可能になってきた今日だからこそ、進む先になにがあるかをつねに見据えておかねばならないからだ。

考察のための知見を与えてくれる武器となるのが、行動遺伝学だ。それには古典的な双生児法(classical twin method)を中心とした伝統的な行動遺伝学(behavioral genetics)と、その発展として分子遺伝学や脳神経科学と融合した行動神経ゲノミクス(behavioral-neuro-genomics)とがあり、それぞれが緻密な考察を可能とする新たな知見を打ち出しつつある。

危惧《きぐ》されるのは、こうした最新知見をもとにせっかく本書でしつこいほど緻密な考察をしても、「あぁ、要するに遺伝がだいじってことね」「ふんふん、遺伝といえば、生まれつき決まっていて、環境じゃ変えられなくて、親がこうだったら子もこうなるって話ね」で終わってしまうことだ。

「遺伝」という概念にまつわるそのような決定論的・宿命論的な、そしてしばしば悲観的なニュアンスは、過去の先入観・偏見として打破しなければならない。遺伝は、生命をいまあるその形に、その特徴たらしめている、生命の源泉である。にもかかわらず、そのような否定的な意味であるとか、なにか無批判に運命を納得させる決まり文句として使うのは不適切である。
一方で、生命の源泉は遺伝子だけではない、そもそも遺伝子ではない、といった主張も数多くあることは承知しているし、それぞれ傾聴に値するが、それらの議論も、まず遺伝子の働きを認識すること抜きに進めることはできない。遺伝情報の柔軟性ばかりを強調しすぎるのは、バランスを欠いた認識である。もちろん、遺伝のもつ「制約」的な側面を強調するべきではないが、制約の中の柔軟性、柔軟性の中の制約、その両面を理解することが重要なのである。生命は多次元的なのだ。ある次元では制約が見られるが、別の次元では驚くほどの柔軟性を見せるのが生命というものなのだ。

本書は遺伝的多様性が個人と社会を規定する重要なファクターであることを認めたうえで、それがどのようなものであるかを、行動遺伝学と心理学の知見から描写することを目指している。これはとりわけ、社会科学のための遺伝学である。社会科学は優生学への反抗から、遺伝要因を無視、あるいは不可知なものとして、その理論から排除してきた。その姿勢については十分に了解できるものの、適切であるとはいいがたい。たしかに「○○は遺伝的である」という事実命題から「ゆえに遺伝を根拠に△△な人を差別することは正当である」と当為命題を導き出すのは、自然主義的誤謬《ごびゅう》である。一方では「遺伝を根拠に△△な人を差別することは正当ではない、ゆえに○○は遺伝的ではない」とする論もしばしばまかり通っているが、これも自然主義的逆誤謬とでもよぶべき論理的誤りである。ひとたび遺伝について語りだすと、このように「遺伝によって決まっている」という常套句に引きずられ、決定論的な硬直した思考に陥りがちだ。

これから本書で描く遺伝観が、未来永劫、絶対に正しいとは言い切れない。だが少なくとも、より科学的実態に即して遺伝について議論し、それが照射する知見を考慮に入れた、より現実的に教育や社会について考えるヒントを与えてくれるものであろうと信じている。

能力はどのように遺伝するのか◉目次

第2章 才能は生まれつきか、努力か…49

第3章 才能の行動遺伝学…109

第5章 遺伝子と社会…207

第1章

遺伝子が描く人間像

1-1 遺伝子のマジック

「遺伝的同一性」という大海に浮かぶ「個人差」という島

「十人十色」という言い方がある。地球上にホモ・サピエンスが登場して以来、古今東西、この世には数え切れないほどの人々が生まれ、死んでいった。いや、「数え切れない」という表現は正確ではない。それは「無限」という意味ではなく、単に技術的に数えられない（旧石器時代に戸籍制度はなかった）だけであって、生まれてきた人の数は有限である。そしてこの先、いつか迎えるであろう地球滅亡のその時点までに、地球上に存在するであろう人をすべて含めても、その数は有限である。

この地球上にこれまでに生まれ、これからも生まれるはずの人々まで含めてそのすべてを比較したとき、あなたと遺伝的に同じ条件で生まれる人は、一卵性双生児のきょうだいを除いて、誰一人としていない。それはひとえに、生物には遺伝的多様性が、種と種の違いだけでなく、人と人の間にもあるという普遍的な生物学的事実による。そして、その遺伝的な違いが、姿かたちだけでなく、パーソナリティや能力の発揮のしかたにおいても、一人ひとりまったく異なる差異の源となっている。そのおかげで社会にはダイナミズムが生まれ、文化の源ともなっている。その意味を読み解くのが本書の目的である。

と、高らかに宣言しておきながら、実のところ、ヒトは遺伝的に、圧倒的にほとんど同じである。なぜなら遺伝現象を担う物質ＤＮＡ（デオキシリボ核酸）をつくりあげている４つの塩基、Ａ（アデニン）、Ｔ（チミン）、Ｃ（シトシン）、Ｇ（グアニン）の配列を一人ひとり比べてみると、99・９％まで等しいからだ。このことは２００１年に終結したヒトゲノムプロジェクトの成果として、クレイグ・ベンターによって報告された興味深い結果だった（出典１）。ホッブズが17世紀に『リヴァイアサン』で述べていたことが、分子生物学から「実証」されたのである。

ホッブズの洞察はこうだ。

《自然》は人間を身心の諸能力において平等につくった。したがって、ときには他の人間よりも明らかに肉体的に強く精神的に機敏な人が見いだされはするが、しかしすべての能力を総合して考えれば、個人差はわずかであり、ある人が要求できない利益を他の人が要求できるほど大きなものではない。たとえば肉体的な強さについていえば、もっとも弱い者でもひそかに陰謀をたくらんだり、自分と同様の危険にさらされている者と共謀することによって、もっとも強い者をも倒すだけの強さを持っている。(『世界の名著 23 ホッブズ 「リヴァイアサン 第十三章」』 永井道雄/宗片邦義 訳 中央公論社)

彼は多様な個人差を認めながら、それを包み込む同一性に目を向け、そして個人差を持った者たちが協力しあって成立する社会(それが「リヴァイアサン」だ)まで想定している。試みに、400年前のこの洞察を、現代遺伝学の目で解き明かしてみるとどうなるだろうか。

DNAの圧倒的に大きな同一性から示唆されるのは、人間の能力の発揮のされ方にも個人差以上に圧倒的な同一性、同形性があるということである。

これまでに数えきれないほどの人間が、野球という競技に取り組んできた。その中には、プロの選手として大成し、「野球殿堂」入りという栄誉を与えられた名選手も数多くいた。しかし、これまでは大谷翔平のような、日本人として生まれながらアメリカのメジャーリーグにおいて、投打二刀流で数々の偉業を成し遂げた選手はいなかった。「野球の神様」といわれたベーブ・ルースの記録をも彼は塗り替えてしまったのだ。

しかし、ボールを投げるだけなら、ただ棒を振るだけなら、3歳児にだってできる。少し練習さえすれば、キャッチボールや草野球を楽しむ程度のことだって誰でもできるだろう。その中には「おれもいつか未来の大谷翔平になる」と熱い心を秘めている野球少年もいることだろう。

ホッブズの言葉を遺伝学的に拡大解釈すれば、これはすべて、「遺伝子」という自然が、人間に平等な身心の諸能力を与えているからだ。ハエやミミズにそんな芸当も理解もできない。そもそもミミズもハエもボールを見てわれわれ人間と同じように野球のための道具だとは認識すらしていない。ハエは地面の上の石ころとしか見ないかもしれないし、ミミズはおそらく邪魔物としてよけて通るだけだろう。私たちが野球を楽しむことができ、大谷選手の活躍を見て心を動かされ、なかには自分もやってみたいと心を熱くする人も生まれてくるのは、ヒトをつくり上げている無数の生物学的システムにおいて、大谷選手とあなたとの間に99・９％もの圧倒的な遺伝的共通性があるからだ。美と強靱さだけでなく高い精神性まで感じさせてくれるスケートの羽生結弦にしても、伝統ある将棋の歴史を次々と塗り替え史上最年少で七冠を達成してＡＩ時代の新しい棋士像を飄々と魅せてくれる藤井聡太にしても、われわれとの塩基の違いは０・１％にすぎない。

あなたも人並みに掃除や片づけをするだろう。掃除や片づけなどは、通算５００個以上の三振を奪うこととは違い、やれといわれれば誰でもできそうだ。そう思えるのも99・９％のＤＮＡ配列の同一性のなせるわざである。しかしその成果を見比べてみれば、ヒトによってどれだけ手際よくきれいにできるか、どれだけのきれいさを追求するかには、天と地ほどの開きがある。誰もが新津春子《にいつはるこ》やこんまり（近藤麻理恵）のようにそれを極められるわけではない。

野球ができることと掃除ができることを同列に論じていいのか。これについては第2章で、能力をどのように考えるかについて述べるが、結論から言えば、生物学的には同次元の話である。もし違うと感じるとしたら、単なる社会的文脈の違いやあなたの価値観との違いにすぎない。

残虐な殺人事件をメディアで目の当たりにすると、人々は「なぜこんなことをするのかわからない」と嘆きや怒りの言葉を口にする。しかしほんとうに「わからない」のではない。「わからない」と嘆くとき、多くの人は、すでに「ひょっとしたら、こんな事情があったからじゃないだろうか」「こんな性格だったからじゃないか」と、さまざまな仮説を思い浮かべているはずだ。わからないのは、そのうちのどれが正解なのかがわからないのだ。だからこそ、なぜそんなことをしたのか知りたがる。つまり、どのような答えが考えられるのかは、ほぼ「わかって」いる。それができるのは、基本的に遺伝的な同一性を誰もが持っているからである。

もちろんそれは、同じ文化的経験を共有しているからでもある。しかしミミズやクモやイモリなど、ヒト以外の動物がなぜそんな行動をするのかがわからないのとはまったく違うという意味で、ヒトには遺伝的に大きな同一性があり、潜在的に同じヒトのすることを理解でき、真似事をすることすらできるという事実は、驚くほど無視されている。

これから本書が描くヒトの能力の遺伝的差異を考えるうえで、その前提として、いま述べてきたような意味での遺伝的同一性を踏まえておくことは重要だ。ヒトの遺伝的差異は、遺伝子の圧倒的同一性という大海の上に浮かぶ小島ほどの形の違いでしかないのだ。
されどそれは、一人ひとりの人生にとって大きな意味をもつのである。

個人差の源泉は「0・1%」の違い

なぜ多くの人は、大谷翔平や藤井聡太や新津春子やこんまりのような卓越した能力を獲得できないのか、なぜある人は残虐な犯罪を犯してしまうのか。それはそこに、DNAの塩基配列の0・1%の違いがからんでいるからである。人の能力や心の働きは、DNAによって「完全に決まっている」わけではない（このことは最初に強調しておこう）。しかし遺伝子の差は、重要な個人差の遠因になっている。そのことを、これから行動遺伝学が明かしてゆく。野球能力や掃除能力の行動遺伝学的研究こそなされていないが、これまでになされた膨大な数の研究から、そのことはかなり高い確信度を持って言い切ることができる。それについては、第3章で紹介する行動遺伝学の十大発見の1番目「あらゆる行動には有意で大きな遺伝的影響がある」の説明までお待ちいただきたい。

ここでは、99・9%までDNAの塩基配列が同じであるにもかかわらず、なぜそんな違いが生まれてくるのかという問いに対する答えとしての、遺伝子の世界のマジックを説明しておく。

その答えは、高校の生物学で学んだDNAのコード表（表1－1）で簡単に説明しつくせる。

1文字目	2文字目 T		2文字目 C		2文字目 A		2文字目 G		3文字目
T	TTT	フェニルアラニン	TCT	セリン	TAT	チロシン	TGT	システイン	T
	TTC		TCC		TAC		TGC		C
	TTA	ロイシン	TCA		TAA	停止	TGA	停止	A
	TTG		TCG		TAG		TGG	トリプトファン	G
C	CTT		CCT	プロリン	CAT	ヒスチジン	CGT	アルギニン	T
	CTC		CCC		CAC		CGC		C
	CTA		CCA		CAA	グルタミン	CGA		A
	CTG		CCG		CAG		CGG		G
A	ATT	イソロイシン	ACT	スレオニン	AAT	アスパラギン	AGT	セリン	T
	ATC		ACC		AAC		AGC		C
	ATA		ACA		AAA	リジン	AGA	アルギニン	A
	ATG	メチオニン	ACG		AAG		AGG		G
G	GTT	バリン	GCT	アラニン	GAT	アスパラギン酸	GGT	グリシン	T
	GTC		GCC		GAC		GGC		C
	GTA		GCA		GAA	グルタミン酸	GGA		A
	GTG		GCG		GAG		GGG		G

表1-1　DNAにおけるコドンとアミノ酸の対応

これはあらゆる生命をつくり上げている物質であるタンパク質を合成している部品にあたる必須アミノ酸20種類が、どんな塩基配列にコードされているかを表したものだ。塩基は3つ揃いで1種類のアミノ酸に対応している。これを「コドン」という。ＣＧＴならアルギニン、ＧＣＴならアラニン、ＧＡＴならアスパラギンといった具合だ。ご覧のように似たようなコドンが同じアミノ酸に対応しているものが多い。とくに3文字目が置き換わっても同義語になりやすい。しかし、たとえばＣＧＴの2文字目のＧがＡに置き換わりＣＡＴになるだけで、アルギニンがヒスチジンという異なるアミノ酸になる。そうなるとできあがるタンパク質も異なり、異なった性質を帯びる。

たとえば４番染色体上のある特定の部位にあるＣＧＴがＣＡＴに変わり、アルギニンがヒスチジンになると、アルコール分解に関わる遺伝子ＡＤＨの一つであるＡＤＨ１Ｂに変異が生じて高活性となり（日本人では95％の人がそうだ）、アルコールの分解効率がアップする。そのためお酒を飲むと真っ赤になり、ひどければめまいや吐き気に見舞われるが、逆にそのおかげでアルコール依存症にはなりにくくなるというわけだ（アルコール依存になりやすいのはＡＤＨ１Ｂが低活性の人で、日本人でそのタイプは５％弱である）。

また、血液型のＡ型とＢ型の違いは、19番染色体上の糖転移酵素遺伝子の中の何ヵ所かの塩基の違いである（出典２）。それによって性格が決まるというのは迷信に近く、ほとんどの実証研究で検証されていないが、血液型もさまざまな神経伝達物質などと同様に、性格の差を生む遺伝子多型の一つである可能性はゼロではない（出典３）。

ここで示したのは、ＤＮＡの中でも実際に物質としての生命をつくり上げる素材であるタンパク質をコードしている遺伝子、いわゆる「構造遺伝子」に当たる部分の差異である。これらは全ＤＮＡの中で数パーセントにすぎないといわれている。それ以外の部分はタンパク質をコードしていない部分でノンコーディングＤＮＡとよばれ、かつてはジャンク遺伝子などともいわれていた。しかし近年は、そこにこそ構造遺伝子の発現や抑制などの、生命活動に関わる重要な調節機能があることがわかり、その変異（バリアント）、すなわちノンコードバリアントの研究も注目されている（たとえばYan, et al., 2021）。

生命は物質として組み立て終わったら、はいそれでおしまいというプラモデルのようなものではなく、つねに状況に応じて必要なタンパク質を合成するようにＤＮＡの発現を調整しながら、動的に変化している。それも全体のなかで、他の部分の生命活動を損ねることなく、首尾よく働いてくれなければ困る。適切なときに適切な遺伝子が働き、また不必要なときにはストップがかかり、それらが全体でバランスよく動くしくみは想像を絶する複雑さだが、それをつかさどっているのが、このノンコーディングＤＮＡの部分だという見方が有力だ。そして、そこにも遺伝的差異があると考えられている。

構造遺伝子も、調整部分の遺伝子も、塩基の一つが変わるだけで意味が異なってくる可能性がある。このたった一つの塩基の個人差を「一塩基多型」または「ＳＮＰ」(single nucleotide polymorphisms）という。こうなってくると個人差に関わるＤＮＡ上の変異は驚くほどの大数になり、その組み合わせを考えるとまさしく、一卵性双生児のきょうだいを除いては誰一人として遺伝的に同じ条件で生きている人はいないという本章の初めに述べたことの信憑《しんぴょう》性を確信せざるを得ないだろう。

全ゲノムスキャンでわかること

近年、ＤＮＡの解析技術が飛躍的に向上し、一人のゲノムの全領域をカバーした塩基配列を高速で読み解くことが可能になった。「全ゲノムスキャン」である。全ゲノムといっても30億すべての塩基を読み出すわけではない。ＤＮＡマイクロアレイという装置を使うと、何番目かの染色体の特定の位置について、全部で数十万から数百万にもなるＡ、Ｔ、Ｃ、Ｇの塩基配列を自動的に読み出すことができるのだ。ＤＮＡマイクロアレイにはすでにわかっている特定の塩基配列に感応する数十万から数百万のプローブが整然と配置されていて、そこにＤＮＡを「塗りつける」と、その特定の配列がぴったりあったところだけが光る。光らなければ配列が異なっているわけだ。これによって大量の箇所の塩基配列を特定できる。

塩基配列に個人差があれば、それがＳＮＰである。それがあるかどうか、全染色体に幅広く網をかけているので全ゲノムスキャンというわけだ。ある形質について違いのある人たちのグループ間で、系統的に違いのあるＳＮＰを探せば、それがその形質に関わる塩基である可能性が高い。これが全ゲノム関連解析（ＧＷＡＳ＝genome-wide association study）である。

全ゲノムスキャンで得られた塩基配列では、形質の有無や高低に関連のあるＳＮＰがいくつも見つかる。たとえばＣがＴになっていると、疾患にかかる可能性が１・０１倍になるという具合だ。このようなSNPが見つかると、その効果を足し算することによって、その人が遺伝的にどの程度、その疾患にかかりやすいか、どの程度の高さの素因を持つかを数値化することができる。これを「ポリジェニック・スコア」(PGS = polygenic score)という。スコアというといかにも得点らしくなるので、ポリジェニック・インデックスとよぶこともある。また、医療では疾患を発症するリスクに関わるSNPなので、ポリジェニック・リスク・スコアということが多い。遺伝子検査で診断の手がかりにしているのもこの数値である。

数百万の塩基配列というと多いように思えるかもしれないが、もともと塩基は30億あるのだから、まだまだそのほんの一部だ。しかし塩基配列はすべてがランダムなのではなく、むしろかなり決まった配列がある。これを「ハプロタイプ」とよぶ。その情報を使えば、一部の塩基配列が特定されただけで、それを含む別の部分も高い確率で推定することができる。それがインキュベーションである。

このやり方で一人ひとりの配列を特定することはもちろん可能だが、これを何千人何万人に行うにはかなりの費用がかかる。そこでもっと効率的な方法として、「遺伝子プーリング」というものがある。特定の疾患なり、IQの高さに関連するSNPを探し出したいとしたら、その疾患をもつ人たちやIQの高い人たちと、それをもたなかったりIQの低い人たちをグループに分けて(この手続きが「プールする」つまり「プーリング」とよばれる)、まるごとDNAマイクロアレイに流し込む。そして2つのグループ間に塩基配列の差が見出されれば、それが候補となるSNPということになる。

こうして2つのグループ間に差があることがわかったとしても、その差というのはきっかり境目があるものではない。疾患をもつグループの人はすべてG、もたない人はすべてAなどとなるのではなく、疾患のあるグループはGが60％に対してAは40％、疾患のないグループはGが40％に対してAが60％、などという違いになる。何万人ものサンプルでこの差があれば、高い確率でこのSNPが疾患に関わっているといえるが、数百人ほどのサンプルでは、この差は偶然に生じたものかもしれない。そこで、偶然にこの程度の差が生じる確率を統計学的に算出し、その確率が十分に低ければ、候補SNPとみなしてよかろうと判断する。

これを調べられるすべてのSNPについて計算し、全ゲノムにわたって染色体上の場所ごとにその確率の値をプロットすると、図1－1のようになる。まるでニューヨークはマンハッタンの夜景のようになるので、これを「マンハッタンプロット」とよぶ。確率の値は10のマイナス何乗かで判断され、これが小さいほど、それが疾患に関係ない（偶然である）確率が低い（つまり関係ある確率が高い）ことを意味し、グラフでは高く背が伸びる。そして一定の閾値《いきち》（ふつう10のマイナス7乗あるいは8乗）を超えれば、候補SNPと認定されるという具合である。

ポリジェニック・スコアを用いた行動遺伝学的研究については、第4章で詳しく紹介しよう。

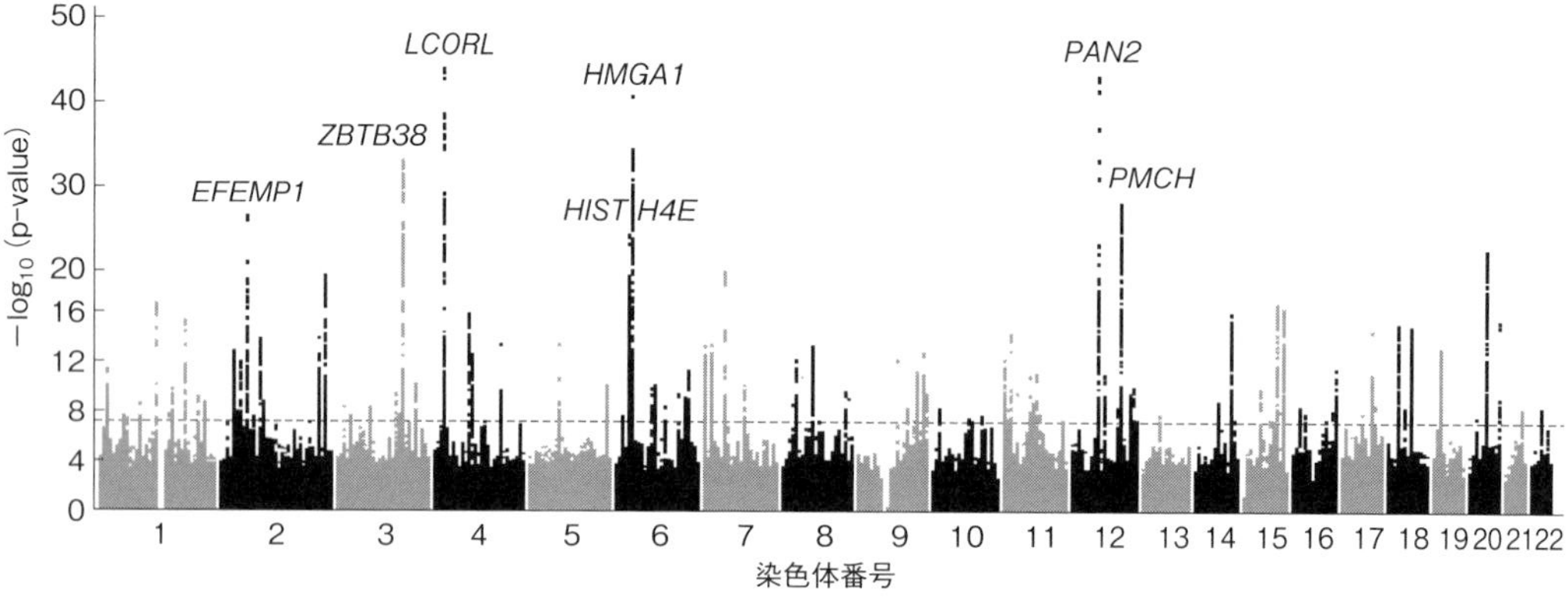

図1-1　身長にかかわるSNPのマンハッタンプロット（東北メディカル・メガバンク機構による）
https://www.megabank.tohoku.ac.jp/activity/result/gwasshowcase

大数のマジック

もう一度、ＤＮＡのコード表（表１－１）を見てみよう。ヒトの遺伝子は30億の塩基対からなる。ということは、０・１％しか違わなくとも、３００万ヵ所に個人差があるということだ。これらの違いがもしランダムに起こるとして、ごく大雑把にみて個人差のバリエーションはどれだけあるのか、その数量感を計算によって感じてみよう。

全塩基の中でタンパク質をコードしている部分、つまりタンパク質の部品となるアミノ酸として読まれる構造遺伝子の部分で、さらに実際にアミノ酸に転写・翻訳されるのは、「エクソン」とよばれる箇所だ。エクソンは全塩基のうち約２％を占めているので、個人差がある３００万ヵ所には６万ほどある（構造遺伝子はエクソンの間にイントロンというそれ自体はアミノ酸に読み解かれない部分も膨大にはさまれていて、ここまで考えるともっと多くのバリエーションがありうるが）。

その中で異なるアミノ酸がコードされる割合を考えてみよう。コード表からみて、３文字目、つまり全体の３分の１が置き換わってもアミノ酸は変化しないものが多い（たとえばＣＣ**Ｔ**、ＣＣ**Ａ**、ＣＣ**Ｇ**、ＣＣ**Ｃ**はすべてプロリンである）のだが、残る３分の２にあたる１文字目と２文字目が置き換わると、異なるアミノ酸になる（たとえばプロリンだった**Ｃ**ＣＴが**Ａ**ＣＴになるとスレオニンになる）。するとざっくり見積もって、それは6万に対しては4万個程度となる。タンパク質をコードする構造遺伝子はたった2万個ほどだから、どの遺伝子にも異なる型が生じうるわけだ。構造遺伝子以外の、タンパク質に読み替えられない、かつてジャンクといわれていた部分も、現在では何らかの発現に関わると考えられている。そこまで含めれば、一塩基の違いがもたらす多様性ははるかに多くなるだろう。

しかし、4万の構造遺伝子上のSNPに限って考えて、仮に1ヵ所の塩基に4種類（CかGかAかTか）の多型しかなくとも、4の4万乗の組み合わせがある。これはゼロが2万4000個ほど並ぶ巨大数となる。一、十、百、千、万、億、兆、京……と漢字で表せる一番大きな単位は「無量大数」だそうだが、それでも10の68乗、つまりゼロが68個にすぎない。地球にはいま80億の人がいるが、これはゼロが9個である。では地球に生まれ出るすべての人間の数はというと、地球の寿命は50億年か、せいぜい1000億年などといわれるので、ゼロは9個から10個である。もし1000億年としても11個だ。ありえないことだが人間が毎年80億人、生まれては死んでいるとしても、その人数のゼロは両者を掛け合わせた20個前後にすぎない。

つまり、遺伝的多様性は、地球上に存在しうるヒトの個体数をはるかにしのぐ可能性がある。あなたはその中にたまたま生まれた一組の遺伝子の組み合わせの産物にすぎない。これがこの章の冒頭で「この地球上にこれまでに生まれ、これからも生まれるはずの人々まで含めてそのすべてを比較したとき、あなたと遺伝的に同じ条件で生まれる人は、一卵性双生児のきょうだいを除いて、誰一人としていない」と断言したゆえんである。個人間ではわずか０・１％の塩基の差しかない圧倒的な遺伝的共通性を人々は共有しているにもかかわらず、さらなる圧倒的な個人差が生まれるしくみはここにある。

１-２ 遺伝子は多様でランダム

家庭内のばらつきが家庭間のばらつきを上回る！

では、あなたをつくるＤＮＡのパターンは、ゼロが２万個以上も並ぶ数の組み合わせの中の、どの組み合わせなのか。そしてその遺伝子のパターンは、あなたにどのような能力や才能をもたらしてくれるのか。それを知ることはできるのだろうか。

あなたの父母から受け継いだ遺伝子の組み合わせは、基本的にはメンデルの法則に従い、父と母、それぞれが一対ずつ持った遺伝子対のどちらか一方をランダムに受け継いだものの組み合わせである。あなたの生物学的存在の出発点は、そのランダム性、つまりババ抜きのような偶然によるものであり、生まれ落ちたその世界であなたの人生が吉となるか凶となるかは、その遺伝子の組み合わせの運次第である。

一組の父と母から生まれうる遺伝子の組み合わせも、先のSNPの多様性と似たような計算で求められる。構造遺伝子を2万として、それぞれの遺伝子のある場所（アレル＝遺伝子座）ごとに2種類の多型（たとえばAとa）があるとすれば、そのアレルにおける遺伝型（遺伝子の組み合わせ、遺伝子型）は、AA、Aa、aaの3種類である。それが2万ヵ所あるわけだから、3の2万乗とおりの組み合わせが生まれうる。これもゼロが9400個並ぶほどの巨大数である。

こんな仮説モデルを考えてみよう。ある能力の高低に関連する遺伝子が1遺伝子座だけあって、対立遺伝子が2種類しかない場合、階級は3つになる。つまり、低・低、高・低、高・高だ。たとえば、後述するように知能の高低に関わるとされている遺伝子GABAやCOMTはいずれも、ある塩基を1つ持っていれば、持っていない場合よりもIQの得点を1点高める働きをすると仮定しよう。実際はGABAとCOMTはその組み合わせによってGABA低とCOMT高の組み合わせだとかえって点が低くなるとか、両方が高だと足し算で2点高くなるどころか4点も増幅するといった効果があり、それをエピスタシスというが、それでも平均すると、それぞれが足し算的に効く部分が多い。エピスタシスや優性は、それにちょっとプラスあるいはマイナスの非相加的効果量を加えるもの、と仮定するのが量的遺伝学のモデルなのだが、ここではとりあえず相加的効果だけを考える。複数の遺伝子が関与する遺伝様式をポリジーン（「ポリ」は複数、「ジーン」は遺伝子）とよぶ。ポリジーンでは、関連する遺伝子座がふえるほど階級は増え、バリエーションの多様性も広がることになる（図1－2）。

これは特定の父親・母親の組み合わせでも生じる、遺伝子型のバリエーションである。言い換えれば、家庭内での遺伝的多様性である。ある夫婦に子どもが一人しかいなければ、きょうだいと比べることができないので、そのバリエーションを感じることはできない。一人の子どもでも、家ではおとなしいが友だちとはよくしゃべるとか、暗闇では怖がるのにジェットコースターに乗ると大はしゃぎするなど、行動にさまざまな違いは見られるだろうが、それらはすべて環境の差で説明できる。だから個人間の違いもすべて環境で説明できそうな錯覚に陥りがちだが、もし二人目の子どもが生まれれば、育て方に目立った差はないにもかかわらず、二人の間にはっきりした個性の違いを感じることができるだろう。

平均的な身長の一組の父母から生まれる子どもの身長が、どれぐらい遺伝的に散らばるかを理論的に算出して、集団全体の遺伝的散らばりと比較したのが図1－3である。驚くべきことに、両者はほとんど重なる。同じ一組の両親から、この社会の中にいる人々すべての身長の遺伝的バリエーションに匹敵するくらい多様な遺伝的素質の子どもが生まれうるのである。同じ親から生

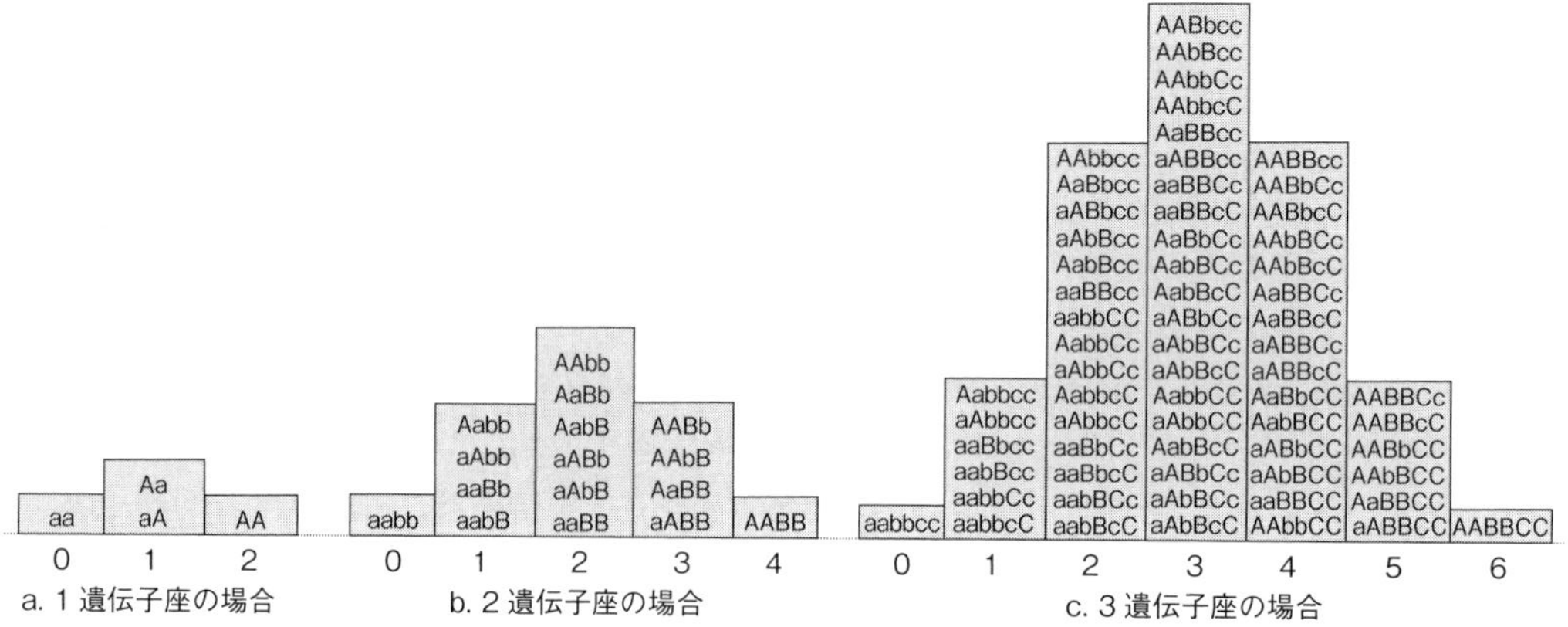

図1-2　ポリジーンの遺伝様式

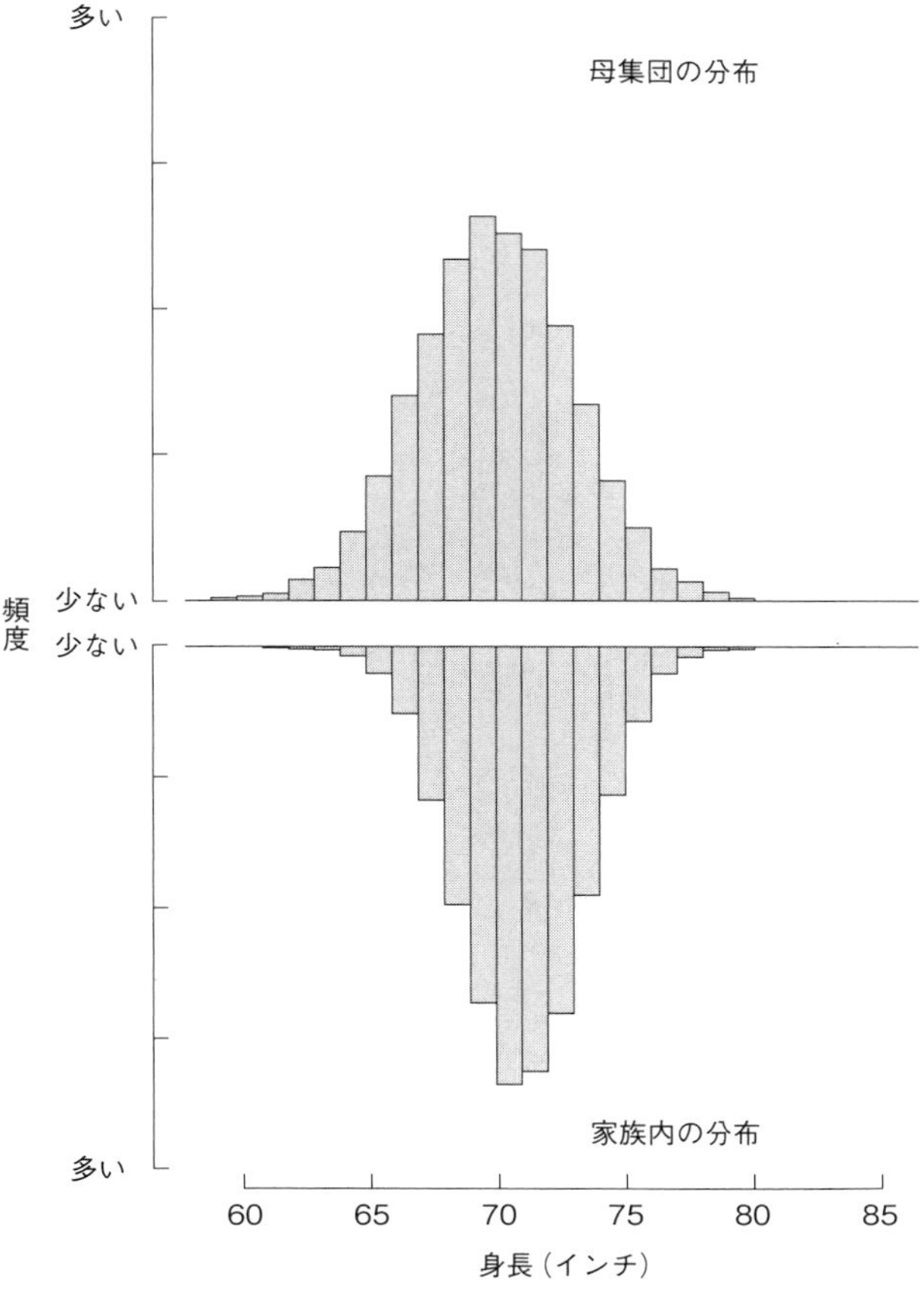

図1-3　一組の父母から生まれる子どもの身長の遺伝的散らばり
Harden, Kathryn Paige. The Genetic Lottery (p.119). Princeton University Press

まれたきょうだいの間で、なぜこんなに容姿や性格や能力が違うのだろうという疑問には、遺伝がこのように家庭内でさえばらつく要因になるからだと答えることができる。同じ家庭内で伝達された遺伝的な変異と、違う家庭間で生ずる遺伝的なばらつきを統計学的に比較することも可能で、それによれば家庭内のばらつきは家庭間のばらつきと同等か、しばしばそれを上回ることが示されている。これについては、第3章で「分散」についてふれる際に、さらに詳しく述べよう。

いまの身長の話は、遺伝による個人差である。そこから表現型がつくり出されるときはさらに、異なる環境で経験したことからくる差も加わる。それらが家族ごとにも異なり、その結果、とてつもなく大きなバリエーションが生まれる。場合によってはそこに、社会的に評価されるものとされないものという差が生まれることも少なくない。

遺伝子のバリエーションが生まれるしくみも、その伝達のしくみも、ランダムであり、そこに人間の文化的な意味はもともと、いっさい含まれていない。生命の存続に関わる情報なら、進化の過程で取り除かれていると考えるのが自然である。生き残った遺伝子は、淘汰されずに済んだ、少なくとも致死的ではなかった遺伝子たちである。ある遺伝子を有害あるいは不要と考えるのは、そのときの人間の文化的価値観である。もしも、それでもなお致命的な、あるいは社会的に生き延びるのに不適な遺伝子があるとすれば、突然変異によってまた新たにつくり直されてもとどおりになった、「均衡」とよばれる現象が起こっているだけである。

図1-4　壱岐の猿岩

このことは、のちに述べる能力と才能の遺伝的基盤について考えるとき、とくに重要である。能力だの才能だのという認知は、そのとき生きている人々がもっぱら社会的に構築し、勝手に脚色したものにすぎない。社会的に認知されないからといって、その能力が「ない」のではない。意味づけられやすい「形」になっていれば突きとめられるが、それすらランダムである。

それは、たとえば「壱岐の猿岩」のようなものだ（図１－４）。壱岐島《いきのしま》（長崎県）にあるこの岩は、形状や配列などは、まったくのランダムな造形であるにもかかわらず、人が見るとそこにはまぎれもなく「猿」がいる。遺伝的才能というのも同じように、ランダムな遺伝子の配列が生み出した行動の表現型に、人が価値づけをして認知したものである。ちなみにホンモノの猿にあの岩を見せても、絶対に猿とは思わないだろう。「猿」の顔の周りにも同じようにランダムに並ぶ岩が存在するが、そこには特別の「意味」は読み取れない。それに意味づけをすることが、「未知の遺伝的才能」の発見に相当する。どこをどう切り取ってどう意味づけられるかが問われるのである。

生物学的バリエーションの差異

ヒトには想像以上に遺伝的バリエーションがある。たとえば現在、世界で一番身長の高い人はトルコのスルタン・コーセンという男性で251cmであるのに対し、最も低い人はインドのジョティー・アムゲという女性で63cm、いずれもホルモンの異状による結果だが、体の大きさ以外、知能や社会性においては正常で、ギネスにも登録されて、それぞれが身体的特徴を生かした社会的活躍をしているそうだ（図1-5）。集団単位で見ると、オランダ人男性の平均身長は180cmを超えるのに対し、アフリカの熱帯雨林に住む狩猟採集民（いわゆるピグミー）の平均身長は150cmに満たない。ある種目のスポーツ選手の掌を見たら、別の種目の選手の掌のゆうに2倍あったという話も聞く。ヒトの形態的な多様性だけを見ても、体重、皮膚の色、体形や顔立ちの違いなど枚挙に暇《いとま》がない。そしてそれを世界的に地域ごとに見ると、その地域にある程度の類似性が見出せるので、それを「人種」とよんだり、文化をからめて「民族」などとよぶ。

図1-5　世界で身長が最も高いコーセンさん（左）と、身長が最も低いアムゲさん（右）

同時に人種とは形質の頻度の分布型の違いでしかなく、どの集団にも幅広い広がりがあって、全体として見ると重なっている。だから、異なる人種間でも子どもをつくることはできる。「人種」が生物学的に区別できる分類概念ではないことは、もはや生物学上の常識である。だが分布が異なると、特定の位置、とくに上端と下端にいる人数が分布の中央部分と比べて大きく異なってくる。これが社会的に少なからぬ意味をもってきてしまう。特定の職業に特定の「人種」の人がたくさん集まっているように見えるのも、理由のひとつはそれである。さらにそれを国家単位で比較すると、アフリカ系は生まれつき陸上競技が得意であるとか、アジア系が数学やコンピュータサイエンスが得意などといった、「遺伝的民族性」があるような印象を生じさせるが、それはあくまでも相対的な頻度の違いであり、そのために生じる出会いの確率の違いにすぎない。

1-3 遺伝子発現のダイナミズム

生命はセントラルドグマから逃れられない

DNA上の遺伝情報は、時期と状況が来たときに、起動スイッチにあたるプロモーターの働きでmRNA（メッセンジャーRNA）に転写され、リボソームでアミノ酸に置換されてその数珠を伸ばし、タンパク質に合成される。この流れは一方向的である。これを「セントラルドグマ」という。それはつまり、外側からDNA上の遺伝情報が書き換えられてしまうことはないということ、あらゆる表現型はDNA上の遺伝情報からつくり出されるということを意味する。生命活動を説明するうえで遺伝情報は、個体発生の中では原因となっても結果にはならない。それがセントラルドグマであり、環境がさまざまな原因で変えられてしまうのとは本質的に異なるところである。だから、出発点となる遺伝情報は書き換えられないという事実はまさに、ある個人の実存に関わるものである。もしあなたがゲノム編集によってその出発点を書き換えれば、それは前とは異なる生物学的条件をもった、異なる実存を生きる人間になることを意味する。

生命はこのセントラルドグマに縛られている。生命は遺伝子を超える、行動や文化は遺伝子を超える、とどれだけ声高に叫ぼうと、このセントラルドグマの制約から逃れることはできない。始発点としての遺伝情報を書き換えることができるのは「偶然」でしかない。それが突然変異だ。コピーミスと考えられているこの現象も、何らかの適応的な変化である可能性は否定できないが、少なくとも個体発生の中でそれが起こることは考えにくい。つまりキリンが高いところにある食べ物を食べようと努力して首を長くしていたら、首の長さを決める遺伝子に首が長くなるような塩基配列の変化が起こるなどということはない。「獲得形質は遺伝しない」というのが、現代遺伝学の原則である。

エピジェネティクスの限界

これは一見、遺伝決定論を連想させる。しかし、同じ塩基配列でも、細胞によって発現が異なる。だから、すべての細胞の核の中に同一の遺伝情報を持ちながら、異なる種類の細胞や組織が形成される。それどころか、同一の遺伝情報を持つ一卵性双生児でも、さまざまな差異が生まれる。それをDNAの分子的なレベルで説明するとされているのが「エピジェネティクス」だ。

エピジェネティクスとは、DNAの分子のある部分にアセチル基がついたり、DNAが巻きついているヒストンをほどくところに外側から化学的な作用が付加されたりすることで、遺伝情報を転写するかしないか、どの程度転写させるか、に変化を生みだすメカニズムのことである。遺伝（ジェネティクス）に「後から、外から、上から」（エピ）修飾が加わって生じる、遺伝子発現のダイナミックな変化のことだ。この現象はしばしば、生命には柔軟性がありDNA情報だけに縛られていないことを分子レベルで説明し、「遺伝決定論か環境決定論か」という二項対立を超えて、環境によって遺伝がどのように変化するかを解読する突破口、遺伝情報を超える生命のメタ情報として、その重要性が強調される。

たしかにエピジェネティクスは遺伝子の動的な変動をもたらす。しかしそれはあくまでも個人内での出来事だ。自分の持っている遺伝情報をどう発現させるかの範囲内での動的変動であり、DNA上の遺伝情報自体が変わるわけではない。

しかも、エピジェネティクスそれ自体にも、一卵性双生児どうしではかなりの一致が見られることが知られている。エピジェネティクスのメカニズムもジェネティクス、つまり遺伝情報から独立ではないのだ。お釈迦様の手のひらの上で、自分は広大な空間を自由に飛び回っていると思い込んでいた孫悟空のようなものである。

遺伝子型は「外生変数」、表現型は「内生変数」

ここであらためて「セントラルドグマ」の意義に立ち返らされる。たしかに一人が持つＤＮＡ上の遺伝情報は、多様な種類の細胞や、環境の変化に適応するメカニズムや、それを次世代にまで伝達させる頑健性などを生みだしているが、もともとのＤＮＡの配列が異なれば、そうしたダイナミックな変化のあり方も異なってくる。そのようにＤＮＡの型によって異なるもとの出発点であるＤＮＡの塩基配列自体が、エピジェネティクスによって書き換えられるということはない。それがセントラルドグマである。ＤＮＡの塩基配列が「すべてのはじまり」であるという原理は覆ることはないのである。

これは統計学の因果モデルで用いられる「外生変数」、つまり他の変数からの影響を受けない、因果律の出発点となる変数に似ている。それに対する「内生変数」は、他の変数からの影響で変化する変数のことで、変化させる原因は外生変数だったり、他の内生変数だったりする。経済現象も生命現象もたいがい、ある一部だけを取り出すと他からの影響を受けて変わる内生変数だ。遺伝情報は唯一の外生変数なのである。

マクロ経済学ではしばしば、政策変数や投資変数をモデルの単純化のため便宜的に外生変数と置いて、所得や消費といった内生変数を方程式で解くらしいが、遺伝学では便宜的ではなく実体として、遺伝子型が外生変数、表現型が内生変数ということになる。したがって経済学のモデルに遺伝変数を入れることで新たな展開が期待できるはずで、行動経済学はそのことに気づきはじめているようだ。ただし、それは個体発生においての話であり、系統発生、つまり進化レベルで見れば、それすら突然変異という究極の外生変数によって変化する。

1-4 遺伝子たちがつくりだす「人」

「顔」はどのようにつくりだされるか

ある生命個体をつくりだすことのできる遺伝情報全体のことを、遺伝学では「ゲノム」とよぶ。30億対の塩基の配列、その全体が、一つの有機体をつくりあげ、それが誕生から死までのあらゆる生命の営みにおいて、そのゲノムの持つ個体性を示しつづける。ヒトにおいて、それは

「人生」とよばれる。

ゲノムのそうした営みを想像させる、わかりやすい例が「顔」である。かなり荒っぽい比喩と思われるかもしれないが、それは「顔」のつくりと表情の変化にたとえることができる。

まず、ヒトの顔の基本的なつくりは誰でも同じだ。目や眉毛や耳は二つ、鼻や口は一つ、しかもそれらパーツの相対的位置関係と数だけならチンパンジーやイヌ、ネコと同じでも、明らかに異なった特徴を持っているという意味で、種としての規定を強く受けている。しかし顔立ちは、万人すべて違う。そして個人内でも安定しており、大人になってからも子どものころの顔立ちとの一貫性を見出すことができる。とりわけ一卵性双生児は、互いにこの世の誰よりもよく似ているという意味で、遺伝によって強く規定されていることがわかる。しかし、乳児から成人期にかけてはとくに、顔のつくりもずいぶんと変化する。１００年も生きれば、きんさん、ぎんさん（図１‐６）くらいの差は生まれ、長く異なる生活環境下で生きていれば、それによっても差が生まれる。さらに人種や民族で異なる集団内の共通性を持つというところも意味がある。

この比喩のとくに優れているところは、個人の中での表情の変化である。同じ人でも、そのときの感情や、人生経験によって育まれた人格によると思われる表情に滲《にじ》む味と深みに、個人としての一貫性と、その中の変化を読み解くことができる。顔立ちと顔の表情の変化は、その人のおかれた状況下での心のあり方や他者への態度など、実に多くのことを他者に伝え、それは人間関係にも影響を及ぼす。

　そんな「顔」の表現型が、一卵性双生児では非常に類似している。それは他者には見分けがつかず、場合によっては当人たちですら、写真に写った二人のいずれが自分かわからないこともめずらしくない。つまり、遺伝子のもつ「姿かたち」が、かなりストレートに表れている。比喩であると同時に、実態なのだ。だからゲノムの持つ意味を考えるうえでのわかりやすい素材となる。

　「顔」の遺伝子などはない。つまり、その人の顔立ちをつくる特定の遺伝子はない。たくさんの遺伝子がつくりだすタンパク質の組み合わせ、顔に関わる全遺伝子のコンステレーション（集まった配置）が、その人の顔をそうさせているのである。それは「表情」となり、そのときどきの心身の様相を、瞬間瞬間のレベルでも、長い時間的な変化のレベルでも表現される。

図1-6　きんさんとぎんさん（写真：AP/アフロ）

　一卵性双生児の二人は、そんな表現のレベルで、個性的に似ている。その似かたは全体的であり、相対的でもあり、そしてある意味では瞬間的だ。実は一卵性双生児の二人だけを比較すると、意外なほど差異が見つかるのだが、ほかのいろいろな人たちの顔と比較すると、その類似性は紛れもない。一方では、二人の表情は時々刻々と変化するし、その変化の連鎖までが同じということはほぼないのだが、ある瞬間において、二人が同じようなメッセージを伝えてくれる表情を呈することもまた稀ではない。

ゲノムがつくりだす「人」と「人生」

こうした「顔」のもつ遺伝的規定とそのダイナミズムが、そのままゲノムの遺伝情報がもたらす一人の人間の生命活動のダイナミズムへの影響を考えるヒントとなる。

たとえば「顔立ちの魅力」という漠然とした主観的な評価についてみると、どんな美人やイケメンにも、魅力を欠いた表情をする瞬間があるし、美しさやかっこよさからほど遠いと思しき平凡な顔立ちの人でも、魅力的な表情をする瞬間がある。それは、その人が何を行い、何を考えたり何を感じたりしているかによる。仕事に没頭しているとき、何かをやり遂げたときの人の表情は、どんな人でもたいがい美しいと私は感じる。その瞬間的個性の連鎖と集合が、その人の存在そのもの、生き様そのものである。

人は文字通り、他人の「顔色」を意識しながら生きている。その意味で、顔は社会的である。

そうした社会的な存在としての顔が、その人の人生を形づくる。誰一人として同じ顔の人はいない。そんな無限の組み合わせが形成する人間社会を構成する私たちには、予測不能な遺伝的多様性がある。遺伝子を伝達する減数分裂や組み換えなどのしくみが、同じ家族内でも大きな差異を生み、社会全体では、そして人類史全体では「とてつもない多様性」を生みだしているのである。しかし、それにもかかわらず、それはホッブズがいう圧倒的遺伝的同一性に支えられている。

能力の遺伝について考えるとき、そのような潜在能力の遺伝的多様性を、社会と歴史がどう認識するかによって、希望と恐怖の両側面が現実感をもって迫ってくる。

第1章　出典

出典1 Venter, J. C. et al.(2001) The Sequence of the Human Genome. Science, 291(5507), 1304-1351. doi:10.1126/science. 1058040

出典2 Yamamoto, F.(1995) Molecular Genetics of the ABO Histo-Blood Group System. Vox Sang.,69,1-7.

出典3 Pecujlija, M., Misic-Pavkov, G.&Popovic, M.(2015) Personality and Blood Types Revisited:Case of Morality. Neuroethics,8:171-176. doi:10.1007/s12152-014-9220-5

第2章

才能は生まれつきか、努力か

「才能は生まれつきか、努力か」というよく聞きなれた問いが、そもそも何を問題にしているのかを考えてみよう。この作業を通じて、世の中でしばしば目につくこの問いに含まれるさまざまな概念の整理をしておきたい。

2-1 心はすべて遺伝的である

双生児の比較でわかること

「才能は生まれつきか、努力か」という問いは、科学的なものというよりも、才能や能力は不可変か可変か、つまり生まれつき決まっていて変えられないものと考えるか、それとも努力によって変えられると考えるかという、いわば信念の問題からくるものだろう。心理学では「知能観」(Theory of Intelligence) の研究というものが膨大にあって、「知能や能力は変わりうる」と信じている人のほうが、「知能や能力は固定的だ」と信じている人よりも勉強に前向きに取り組み、成績もよいという結果が示されている。したがってすでにこの時点で、行動遺伝学が見出した大原則である「心はすべて遺伝的である」という事実を示す頑健なエビデンスに見向きもしないで、思考停止することになっている。

信仰の自由を否定するつもりはないが、まずはエビデンスを見てみよう。

「心はすべて遺伝的である」、すなわち人間のあらゆる行動や心の働きに、遺伝の影響が無視できないほど効いていることを示す科学的証拠は、「双生児法」という人類遺伝学の古典的な手法が示す、膨大な知見が与えてくれる。それは一卵性双生児と二卵性双生児の類似性の比較を基本とする。一卵性双生児はもともと一つの受精卵に由来し、卵割のごく初期に二つに分かれたことにより、遺伝情報が原則としてすべて同じである。二卵性双生児は、同時に排卵された二つの卵のそれぞれに精子が受精した二つの独立した受精卵から生まれ、遺伝子を半分しか共有しない。そして、一卵性双生児のほうが二卵性双生児よりも互いによく似ていることは、客観的な統計学的事実なのである。いずれも同じ母胎から生まれ、ふつうは同じ家庭環境で育つから、成育環境は等しい。にもかかわらず一卵性双生児が二卵性双生児よりも類似しているとすれば、それは共有度が１００％と50％と、２倍の違いのある遺伝子に由来すると合理的に考えられる。

きょうだいの類似性は、一般的に「相関係数」という統計量を用いて表す。これはきょうだい間が完全に一致していれば1、まったく無関係ならば0となるような値であり、類似性が高ければ高いほど0から1に向かって大きくなる[注1]（→106ページ）。たとえば指紋の密度の一卵性双生児の相関係数はおよそ０・９０と、１に近い非常に高い類似性を示すのに対し、二卵性双生児の相関係数はおよそ０・４５である（出典1）。

この数値は指紋の密度が生まれつき、つまり遺伝によって非常に強く規定されていることを示している。遺伝子をすべて共有する一卵性の相関が、完全な一致を意味する1に近い０・９であるだけでなく、遺伝子を一卵性の半分しか共有しない二卵性の相関が、きれいに一卵性のほぼ半分の０・４５になっているからである。指紋は環境変動や、ましてや努力によって密度が大きくなったり小さくなったりしない形質であるから、それが遺伝によって強く規定されていること自体は驚くほどのことではなかろうが、その遺伝による規定性は、相関係数という数値にもきちんと反映されるのである。

ただ一方で、一卵性双生児といえども、相関係数が完全な一致を示す1に０・１０満たない０・９０であるということは、遺伝によってすべて完全に規定されているわけではなく、遺伝によって決まらないものがそれだけあることも意味している。それは一卵性双生児でも異なってしまう、一人ひとりに対してユニークに働く非遺伝要因によるものと考える。これを行動遺伝学では「非共有環境」の影響とよぶ。こうして指紋の密度については、遺伝が90％、非共有環境が10％の割合で決めているということになる。

このロジックで、心の働きをあらわすいくつかの形質、すなわち心理的形質についても、同じように一卵性双生児と二卵性双生児の相関係数の値を比較したものが図2－1である。ここでは知能と学業成績、パーソナリティと発達障害や精神疾患、物質依存のいくつかを掲げた。知能や学業成績は知能テストや学力テストから算出されたものを使うのが一般的である。パーソナリティは、たとえば「神経質」なら「ちょっとしたことにも怖がりやすい」や「人がどう思うかをよく気にする」のような、また「外向性」なら「人とおしゃべりをしていると楽しい」や「自分のまわりにたくさん人がいるほうが好きだ」のような、そして「勤勉性」なら「自分に割り当てられた仕事を、すべて誠実に行うように努力している」や「私は几帳面な人間である」のような質問に対して、自分がどの程度あてはまると思うかを、数値で評定して合計したものである。発達障害や精神疾患は医師による診断の一致度、物質依存はたばこや酒、麻薬を、ふだんどの程度摂取しているかに回答してもらった数値を用いている。ご覧のようにいずれの形質についても、一卵性双生児の相関係数の値が上回っており、遺伝の影響があることがわかるだろう。

このうちパーソナリティの相関係数は、二卵性の相関が一卵性の相関のおよそ半分になっている。これはその大きささこそ違うが、指紋のパターンと変わらない。つまりパーソナリティの類似性を規定しているのはもっぱら遺伝であり、残りは一人ひとりにユニークな非共有環境で説明できるということを意味する。多くの人はいまでも、子どもが神経質なのは日頃、親の神経質な行動を見て学んでいるからだと信じているかもしれないが、そうだとすれば二卵性双生児の相関係

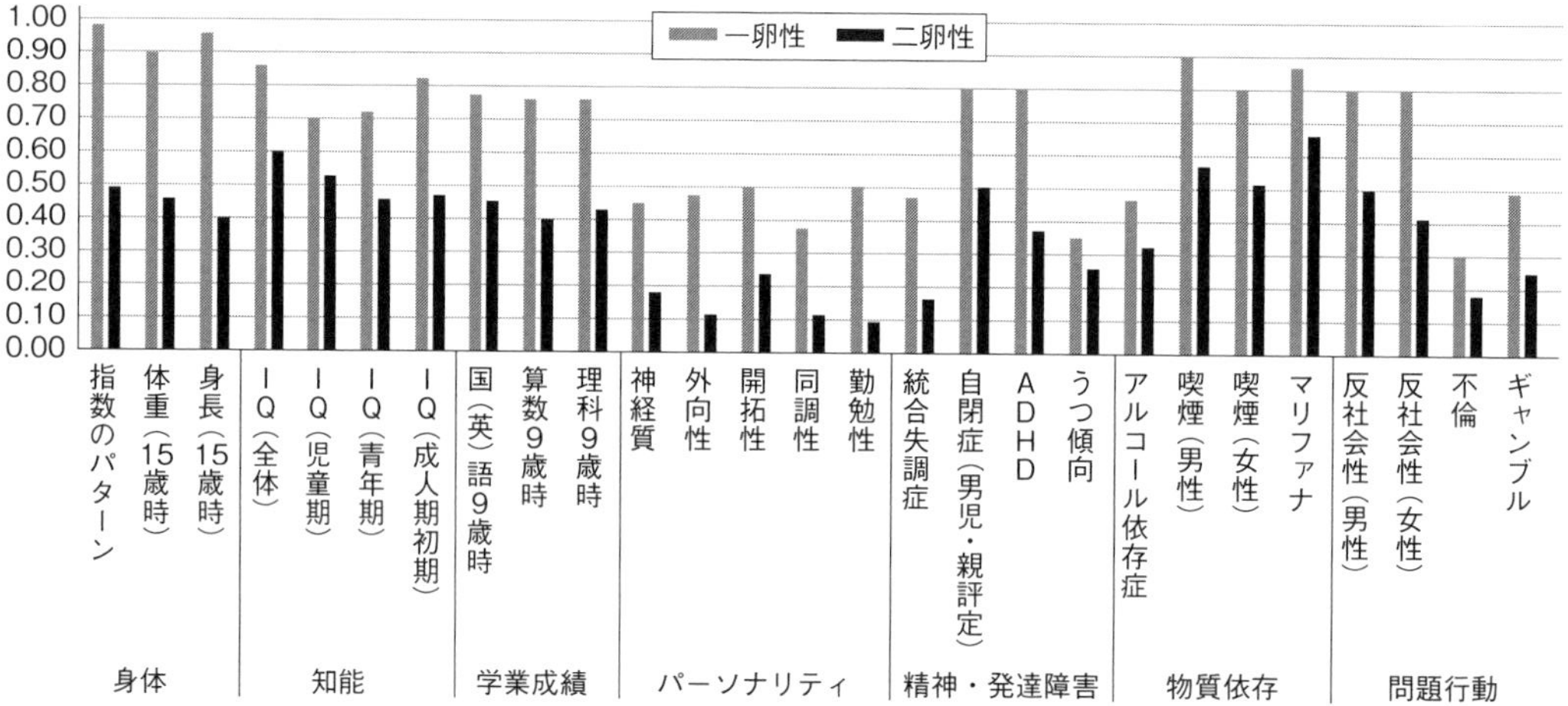

図 2-1　さまざまな形質の一卵性双生児と二卵性双生児の相関係数

数は、一卵性双生児と同じくらいになるはずである。そうではなく、指紋と同じように一卵性双生児の約半分であることから、遺伝だけで説明されることがわかる。別々に育てられた双生児の場合も、これと相関係数のパターンはほとんど変わらないことからも、パーソナリティが親の育て方によるものではないことがわかる。パーソナリティの遺伝率はおしなべて50％で、残り50％が非共有環境である。

それに対して、知能や学力の二卵性双生児の相関係数が、一卵性双生児の相関係数から遺伝だけで説明される値の半分よりも大きいことに着目してほしい。これは指紋やパーソナリティのように遺伝と非共有環境だけでなく、二卵性双生児を遺伝以外に類似させる要因が関与していたからだろう。それこそが同じ環境で育ったこと、あるいは同じ親に育てられたことにほかならず、これを「共有環境」という。

「心はすべて遺伝的である」とはどういうことか

共有環境が個人差を説明する相対的な比率は、一卵性と二卵性を100％対50％、つまり2対1で類似させている遺伝要因以上に、一卵性と二卵性を同程度に類似させている割合として算出することができる（図２－２）。これは算術的にも計算できるが、より統計学的に妥当な推定値は、構造方程式モデリングという手法によって得られる。図２－１について、構造方程式モデ

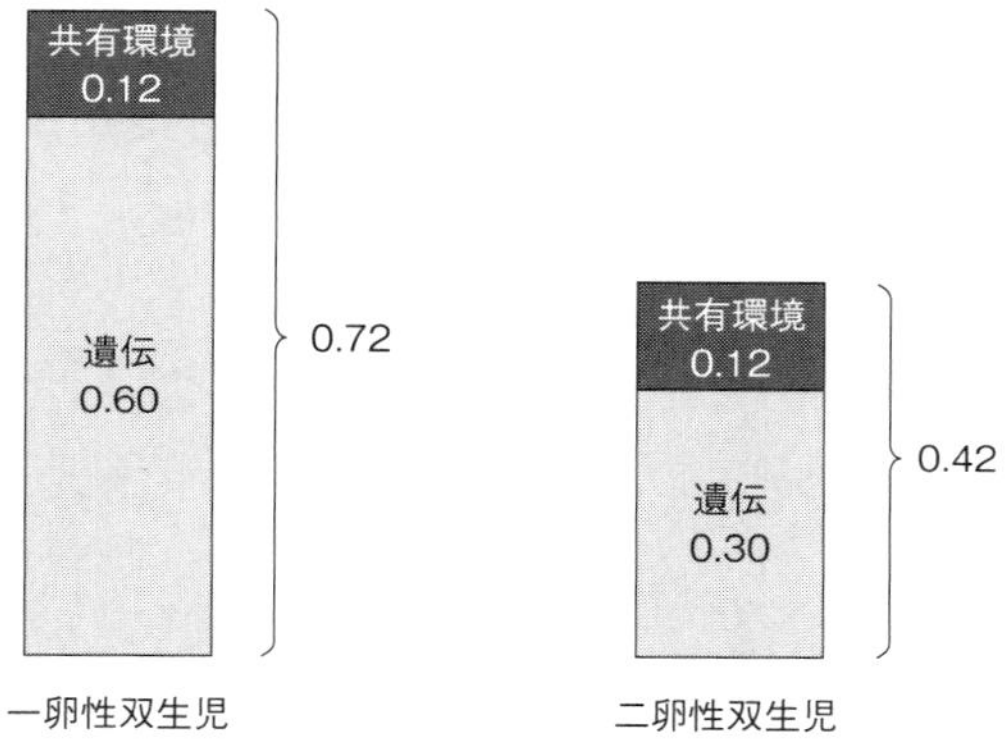

図 2-2　双生児相関から遺伝と環境の割合を推定する
（一卵性 0.72、二卵性 0.42 の場合）

リングを用いて算出した遺伝・共有環境・非共有環境の割合を図示したものが、図2－3である。

　これを見ればどの心理的形質も、30～80％の個人差（「不倫」が30％、「統合失調症」や「自閉症」が約80％）は遺伝の影響で説明されることがわかる。このことが「心はすべて遺伝的である」という根拠である。これは「100％遺伝によって決まる」という意味ではなく、「遺伝の関与しない心理的形質はない」という意味であることにくれぐれも留意してほしい。

　ちなみに個人差に及ぼす遺伝の影響は、心理的形質に限ったものではない。図2－4は2015年に『Nature Genetics』誌に掲載された、さまざまな形質の一卵性双生児と二卵性双生児の類似性についての、約2750本もの報告をまとめてメタ分析したものだ。いわば、古典的双生児法の

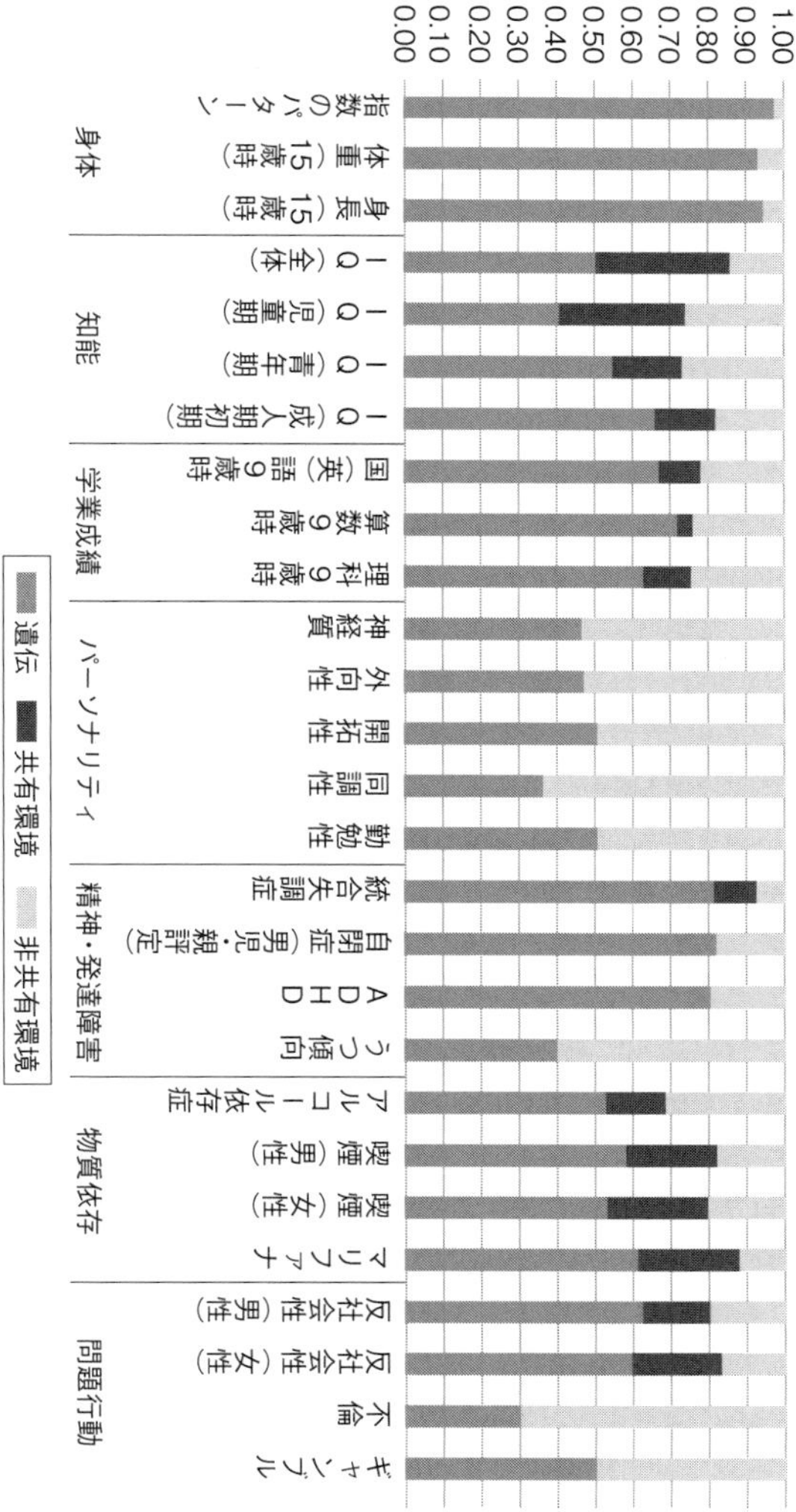

図2-3　さまざまな形質の遺伝・共有環境・非共有環境の割合

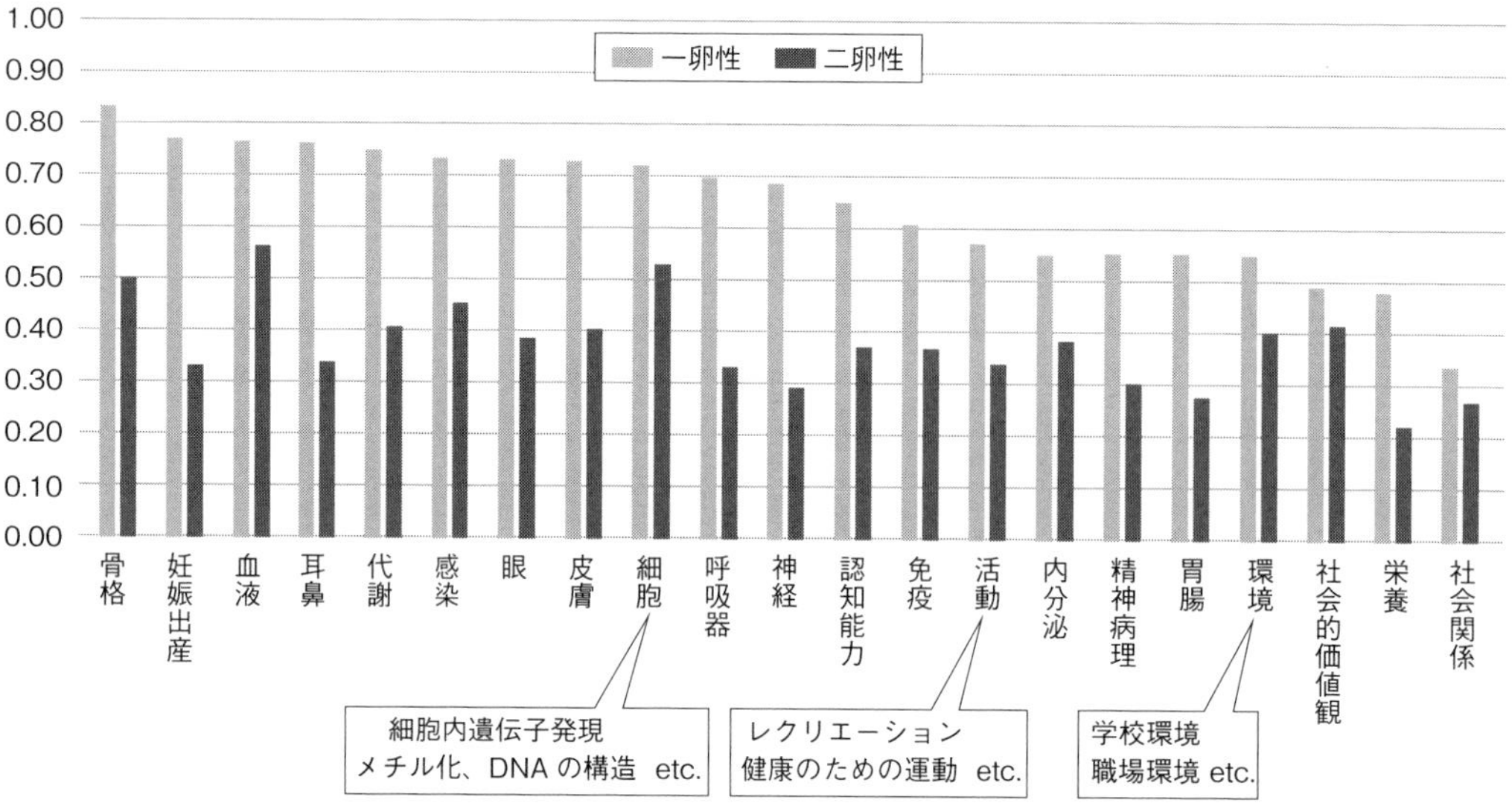

図 2-4　身体的・医学的形質まで含むさまざまな形質における一卵性双生児と二卵性双生児の類似性

Polderman et al. (2015) を改変

成果の集大成ともいえる図である。ここには行動や心の働きに相当する認知能力や精神病理、社会的価値観のような心理的形質だけでなく、骨格、皮膚のような身体的形質や、血液、神経、免疫のような生理的形質、病理的形質などもあわせて示されている。

この図のポイントはただ一つ、どの形質も一目瞭然、一卵性の類似性が二卵性を上回っているということだ。つまり、いかなる形質の個人差にも遺伝の影響があるということである。

ここから、先と同じように、遺伝・共有環境・非共有環境の割合を算出したものが図２－５である。これを見れば、心の働きも、ほかのあらゆる生物学的形質と同じく遺伝の影響を受けていることが、有無を言わさず示されているといわざるを得ないだろう。自由意志や訓練・教育によっていかようにも変化し成長させられると信じられている心理的形質もまた、遺伝子から自由になる特権を与えられているわけではなかった。むしろ、能力に遺伝の影響があることは、身長や体重や体質に遺伝の影響があるのと同程度の、ありきたりな現象だということである。

この図の中には「環境」という項目も入っている。これは個人がどのような環境を選ぶか、環境をどう認知するか、という項目からなっている。のちに議論するように、実は環境もまた遺伝なのである。

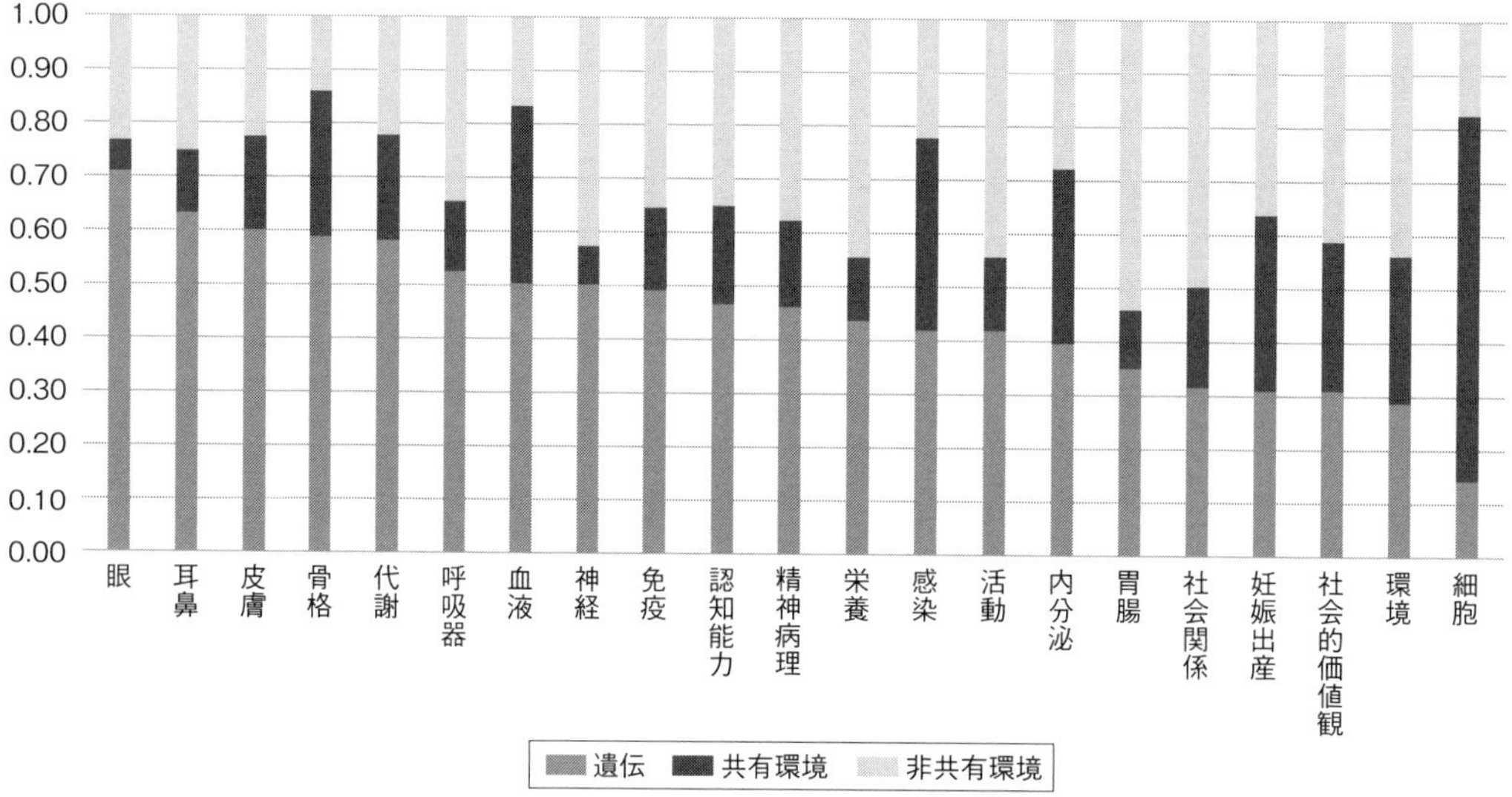

図 2-5　身体的・医学的形質まで含むさまざまな形質における遺伝・共有環境・非共有環境の割合
Polderman et al. (2015) を改変

2-2 「才能は生まれつきか、努力か」という問い

「才能」と私たちが呼ぶものも、心理的形質の一種である。だから、遺伝の影響があることは疑いえない。遺伝子が生まれつき与えられたその人の存在の出発点である以上、いかなる才能や能力にも「生まれつき」がかかわっているのだ。

それでは、努力は関係ないのだろうか。ここで「才能は生まれつきか、努力か」という問いを科学的に解明するにあたって、「生まれつき」「努力」「才能」といった概念と、それに付随する概念の整理をしておこう。

「生まれつき」は学習することができないもの

「生まれつき」は「遺伝」といわれたり「生得的素質」といわれたり「天性」「素因」「資質」などといわれたりもする。遺伝学が生まれるずっと前から、このような自然から与えられ自分の意志ではどうすることもできない内的要因をさす言葉はあった。古代ギリシアの哲学者や詩人はす

でに、それをかなり重要視していた。

どんな能力も、それを生み出す前段階の状態が時間的にも機能的にもあって、それをもとに経験や学習を経て、能力や才能が育まれる。この因果関係は、それを認めるか否かは別として、論理的には多くの人が理解はできるだろう。カントも、認識の前提にそのような先験的（アプリオリな）形式を想定して認識論を構築している。

本書は「遺伝」について説明するものなので、このあたりをどう考えるかは重要である。あらかじめ断っておくが、これら**「生まれつき」「天性」「素因」といった概念は、本書で扱う「遺伝」ではない。これらはすべて「表現型」**であり、「遺伝（子）型」が環境の影響も受けて、目に見える形であらわれたものだからだ。それはDNA上の遺伝子たちのある特定の組み合わせが、タンパク質に合成された結果として発現したものである。

それに対して、本書が用いる「遺伝」という概念は、前章で説明したセントラルドグマに従って、DNA情報の発現過程においても書き換えられない、その人特有の先験的条件として想定されたものである。

さきほど双生児の類似性を説明するときに登場した「遺伝」要因も、そのようなものである。それは次の第3章では統計学的に潜在変数として推定され、第4章ではポリジェニック・スコアとして推定されるものに相当する。それらは、ここでいう「生まれつき」「天性」「素因」と同義ではない。

本書では**「生まれつき」を「非学習性の心的機能」**、つまり**経験によって学習することができない心の働き**と考えることにする。神経質や外向性といったパーソナリティはこれに相当する。それらがなぜ学習されないといえるかといえば、前節で説明したように、これらには共有環境の影響がみられないからである（図２-３参照）。

いわゆる「知識」や「技能」とよばれるものは学習によって獲得され、蓄積されるから、家庭環境の影響が反映され、共有環境として検出される。しかし、パーソナリティや発達障害では、環境要因としては非共有環境しか見出されない。その人のおかれた状況によって変化はするが、これは学習による蓄積が生じないことを示唆している。

このように共有環境の影響の有無によって、心的機能を学習性のあるものとないものに分けて考えるのである。とくにパーソナリティのように**知識として構成されないものは、「能力」に対して「非能力」とよぶべき心的機能である**と考える。

パーソナリティも「生まれつき」のもの

パーソナリティは非学習性の非能力の代表的なものだ。多くの人は信じないかもしれないが、よい学習をするのに必要となる「勤勉性」は、そのようなものの一つである。

「勤勉な人」の示す勤勉性とは、たとえば毎日決まった時間に決まった仕事に従事し、その仕事を達成するまで他の誘惑にとらわれず几帳面にやり続け、その成果に責任を持つなどという行動が、どんな仕事のどんな場面であろうと、ほとんどいつも見られるようなことだろう（勤勉性にもいろいろなスタイルがあるので、これは典型的と思われる一例にすぎないが）。こうした勤勉性は、決まった時間に仕事に取りかかるという「時間遵守行動」、目標を見すえて仕事をしつづける「目標遂行行動」、成果の達成をきちんと見届ける「検証行動」など、いろいろな行動として表れるが、実は、それらは一つ一つ、技能として学習した結果として獲得されたものではない。あらゆる経験に先立ってアプリオリに、あらかじめデフォルトとして設定された状態で、そうした一連の行動特徴がパッケージとして発揮されるような性向を、その人が人生で初めてその行動を発現するときからもっているのである。もちろん赤ちゃんに勤勉性が求められることはそうそうないが、発達のどこかの段階でそれが求められたり期待されたりしたとき（たとえば着替えやトイレットトレーニングなど）、誰も教えてもいないし先行する特別な経験もなくとも、そうした性質が出てくるのだ。そのときに想定されるのが「生まれつき」である。

こう説明すると、それこそ「遺伝」の直接の表れではないかと思われるかもしれない。だが、「勤勉性」の発揮が期待される課題が与えられ、それを評価する社会的文脈がなければ、この「生まれつき」はないにひとしい。その意味で、これは遺伝の直接の表れではない。本書でいう

「遺伝」とは、「遺伝（子）型」が与える事前条件、さらにいえば個人差の由来となる事前条件である。それに対して「勤勉性」などの性向は、「遺伝（子）型」が生み出した「表現型」である。

さらに重要なのは、「生まれつき」の心的機能は学習性ではないが、特定の状況に置かれたときに、その状況に適応するために意識的にコントロールすることはできるということだ。たとえば、ふだんは「勤勉性」が押しなべて低い人であっても、テスト前には勤勉に勉強しておくのが適応的だと判断すれば、その人のできる範囲で自分の行動をコントロールして、ふだんより勤勉に勉強に向かうことができる。しかしテストが終わってしまえば、もとの勤勉性のセットポイントに戻る。しかし、それをしつづけることで、どんどん「勤勉能力」が学習され記憶され蓄積されるものではない。やっているのは状況適応としての「勤勉行動」である。

それに対して、もともと勤勉性のセットポイントが高い人は、ほかの人がダラけてしまうような状況でも、引き続き勤勉にふるまう。あるとき見かけ上は同程度に高い勤勉性を発揮している二人でも、もともと勤勉性が高い人がその人の自然なセットポイントでその行動をするのと、それより低いセットポイントの人が必要に迫られて「勤勉行動」をとるのとでは、その状況での社会的機能としては同等だが、心理的なメカニズムは異なる。

同じように、内向的な人でも状況に応じてその人なりに外向的なふるまいを意識的にすることは、一時的にはできるだろう。このことは、神経質、協力性、共感性など、ほとんどのパーソナリティ特性が表れる場面で同様である。しかし一時的であるから、状況がその行動を必要としなくなれば、その人のパーソナリティにおけるもとのセットポイントのレベルに戻るのである。

ここで忘れてはならないのは、「生まれつき」の非学習性の心的機能を意識的なコントロールによって一時的に変化させられる程度は、状況に応じて、一定の事前確率分布に従うと考えられることだ。それはおおむね正規分布に従うと考えておいてよいだろう。たいがいの状況下ではセットポイントのあたりの値をとり、それよりちょっと高くしたり低くしたりする程度ならそこそこできるが、セットポイントからのズレが大きくなるほど、それは起こりにくくなる。一般的に「生まれつき」というと、ガチガチに固定されたものを連想し、遺伝決定論を導いてしまいがちだが、この程度の幅はあるのである。これについては本章の最後にあらためて論ずる。

脳神経学的にみた「努力」

ここで「意識的」と言っているものが、まさにこの章で問題としている「努力」に相当する。これは心理学でいえば「自己制御」とか「メタ認知」などと呼ばれる機能を用いてなされる認知的コントロールだ。パーソナリティはしばしば「非認知能力」とよばれることがあるが、それはいわゆる知能や学力のような頭のよしあしにかかわるものを「認知能力」とよび、それ以外を「非認知」としたことからきている。しかし、この見方は誤りである。自分自身をもう一人の自分が意識的に監視してコントロールする機能は、まさに認知的なものだからである。これは脳の機能としては「ワーキング・メモリ」（WM）に相当し、背外側前頭前野と後頭頂葉との間をつなぐネットワークがつかさどっている。

ワーキング・メモリとは、情報を意識的に処理して操作する短期記憶の機能の一部である。ワーキング・メモリには一度に処理できる容量が小さく、また把持時間も短いという制約がある。「2×2は？」と問われたら、暗算で計算するまでもなく「4」と答えることができるのは、この解がすでに頭の中にそのまま記憶されており、それを検索してくるだけだからだ。ところが、「22×22」となると、ワーキング・メモリをフル回転させねばならない。頭の中で筆算をするように二つの22を縦に並べ、一の位から掛け算して22×2の結果の44を覚えておきながら、次に十の位の22×2を位取りに注意してずらして置き、一の位の44と縦に足しあわせる……といった具合に、ちょっとした認知的負荷がかかることになる。桁が多くなれば、もう正確には計算できなくなるだろうし、何問かやっていれば最初にやった問題など忘れてしまう。

これがワーキング・メモリの容量と時間の制約である。自分自身を意識的にコントロールするときも、この制約があるから一時的にしかコントロールできず、状況が次に移って変化してしまうとその機能は働かなくなる。この脳神経学的な働きが、「努力」という言葉が示すものに相当するのだ。だから努力は一時的にはできてもなかなか長続きしないし、学習によって「努力か」

が筋肉のように増強されるわけでもない。不真面目な人や内向的な人が、努力によって高い勤勉さや外向性を維持できるわけではないのである。それらは学習しても蓄積されることはないし、同じ家庭環境で育った双子のあいだで類似性が高まることもない。したがって共有環境の影響はないと考えられるのだ。

努力は自由意志の問題とも密接にかかわる。努力は本人次第で、努力しようと思えばできる。それは自由意志の問題だ。努力しない人は、自分の意志でできるにもかかわらずやろうとしない人ということになり、世間から非難される。反対に、普通の人なら打ちひしがれるような逆境にあっても、意志をふりしぼって努力してそこから脱した人は賛美される。もし逆境を脱する能力があらかじめ遺伝で決められているとすると、自由意志による努力が無駄ということになってしまうので、遺伝であるとは認めがたいだろう。努力がここで述べたように心的負荷のかかる自己制御であり、一時的な変化を生むことを認めたとき、それならば自由意志の余地があると考えて安心するか、それとも、少しでも遺伝の影響があればもはや自由意志とはいえないとして、その考えを拒むか。あなたはどちらの立場だろうか。

「知識」「能力」「記憶」そして「才能」とは

それに対して、知識は学べば獲得され、蓄積される。母国語の語彙《ごい》は生きている時間とともに増えてゆくし、外国語の語彙も勉強を続けるかぎり増える。お箸の使い方、自転車の乗り方、文字や数字の書き方、計算のしかた、社会的ルール、さらには言葉に言い表せない態度や心構えも、ここでは知識に含めて考える。これらはいずれも後天的に獲得され、形成されるものだからである。

その「知識」を使えているとき、その「能力」があるという。言語能力とは言語知識を使えることであり、ピアノの演奏能力とはピアノを弾く知識が使えることである。だから知識と能力の違いは名詞と動名詞の違いのようなものだ。

さらに本書においては、知識は「記憶」と言い換えてもよい。この言葉の使い方は雑だという印象を持たれるかもしれないが、心理学のテキストでは、たとえば「宣言的知識・手続き的知識」を「宣言的記憶・手続き的記憶」と呼ぶこともあり、両者はしばしば同じ意味で使われる。

そして本章で取り上げる「才能は生まれつきか、努力か」という問題で用いられる「才能」とは、「能力」の中でもとくに社会的に卓越したものと評価されるに至った能力と定義する。つまり能力の中でも、とくに「他者に価値があると評価された能力」を、ここでは「才能」とみなすわけだ。このときの「他者」は、自分を除くだれか一人から、世界中の人たちまで、さまざまに考えられる。オリンピックの選手や国際音楽コンクールの出場者を評価するのは「全世界」であり、自分だけの恋人に認められる「私への愛」というかけがえのない才能（浮気をしない能力?)は「たった一人の他者」からの評価である。

能力と生まれつき

あたりまえのことだが、知識や能力は、それを学習する環境が与えられれば獲得され、与えられなければ獲得されない。だから能力には共有環境、つまり学習環境を与えている家庭の影響が表れる。知識は、獲得されれば大脳皮質のさまざまな部分に実際に変化が生まれる。新しい神経回路が形成されたり、新しいネットワークが生まれたり、皮質の厚みや大きさが大きくなったり、神経の興奮の持続時間が長くなったり、逆に短く弱くても同じ機能を発揮できるように効率的に使われるようになったりと、知識の獲得は大脳皮質のさまざまな変化と結びついていることが、脳科学の研究から明らかにされつつある。

だとしたら、知識や能力のような学習性の心的機能には、遺伝は無関係だと思われるかもしれない。しかしそうではない。**学習をするときに使うさまざまな認知的機能にも、遺伝的な影響があり、遺伝的個人差が生ずる**。それは、知識を運用するときの速度であったり、知識と知識を結びつけたり、知識をできるだけ長く、あるいは摩耗させずに持ち続ける働きであったりといった、さまざまな認知的機能である。とくに重要なのは、先ほど述べた非能力の状況適応にも用いられる「自己制御」、すなわちワーキング・メモリ(WM)の働きだ。これ自体は非学習性の

「生まれつき」の心的機能なのだが、この機能は非学習性の非能力にも、学習性の能力にも、いずれにもかかわっていて、この場合には学習性の能力に関与しているのだ。

学習性があり蓄積される知識や能力と、その知識や能力を統合して新しい知識を生み出す自己制御の機能が担う非学習性の心的機能（俗にいう「地頭《じあたま》」）との区別は重要である。能力は生まれつきではなくどこまでも成長させることができると錯覚するかもしれないが、実際にはこのように、非学習性の部分と学習性の部分が合わさって、能力が生じているのである。

ある時点である能力が獲得される前提条件としては、よく「適性」が想定される。適性という概念も意味が広く、あることを学ぶのに向いているか否かを問題とするときには「素質」、あることを学ぶ準備ができているかいないかを想定した場合は「レディネス」とよぶ。つまり、経験によって変えられない非学習性の側面が強調されて使われることもあれば、学習によってある程度変えられる場合に使われることも、また、両方とも含む概念として用いられることもある。とくに、何かを学習する「準備」ができているかできていないかを問題にする「レディネス」は、いま準備ができていなくとも、やがては準備ができることが想定されているという意味で、発達や学習によって変化するものと考えるのが一般的だろう。

パーソナリティなどの素質は非学習性の心的機能だが、それがどのような特質を持つかが、学習の方向性に影響を与えることも忘れてはならない。たとえば運動が好き、読書が好き、音楽が好きといった趣味の方向性は非学習性の「素質」としての適性だが、それが学習内容や学習スタイルの好みを生む。

これまで述べてきた能力、才能、学習にかかわるさまざまな心理学的概念や言葉について、なるべく簡潔に整理したものが図2－6である。

この図では、これまで述べてきたように、学習性の「能力」と非学習性の「非能力」の二つの心的状態しか想定していない。ある時点で発揮される「能力」は、その前に時間的にも機能的にも先行する事前能力としての「能力」（適性のうちのレディネス）や「非能力」（素質あるいはパーソナリティ）を土台にしている。その土台の上で、学習したり、ワーキングメモリーや努力によって自己制御しながら状況に適応したりすることが「経験」となり、経験によって新たな知識が獲得され、それが次の段階の「能力」となる。さらにそれは蓄積されて、次の「能力」の適性となっていく。「能力」とは、このようにつねに経験によって学習されていくものなのである。

よく近代教育は知識偏重になり、近世の江戸時代まで重視されていた人格教育がおろそかになったなどといわれ、その境目を明治維新に求めたり、敗戦に求めたりもする。しかし、そうした「人格」や「人間性」といった抽象的な性質も、『論語』や『孟子』、修身の教科書のような教材をもとに学んだ知識を行動のコントロールのために運用するという意味で、同じく「能力」（＝「知識」＝「記憶」）として位置づけることができる。

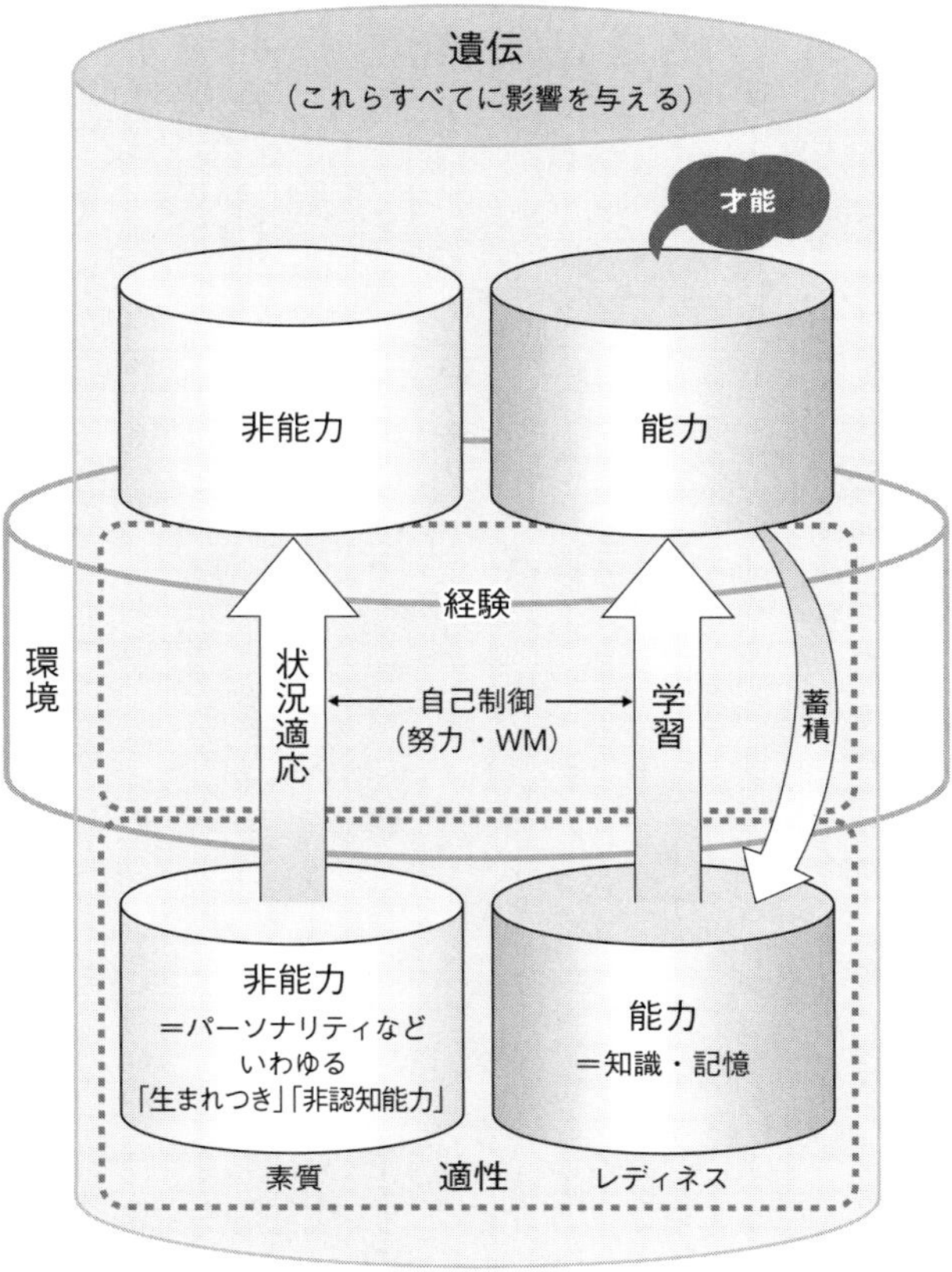

図 2-6　能力に関連するさまざまな概念の関係
能力は経験によって学習され、蓄積されて、次の能力の適性となっていく

「学習」とは何か

ここでは「学習」も、「状況に対する適応行動」も、「経験」とほぼ同義である。自分がもともと持つ実行機能（ＷＭ）を用いて自己制御（努力）しながら状況に適応するとき、ヒトは必ず何かの知識を学習し、それが経験となる。学習は経験の一部だ。一般には「学習」は知識の獲得を目的として計画された経験と解釈するのが自然である。だが心理学では、意図的でない経験も「潜在学習」ということがある。つまり行動の変容と知識の蓄積を生むものであるからで、このように経験と学習の区別は必ずしも厳密ではない。

とくに教育の文脈では、学習と、その主観的体験である経験は、視点によって「練習」「訓練」「修行」「トレーニング」「予習・復習」など、いろいろな種類に分類されるが、本書ではそのような違いを超えて、「学習」としてひとくくりにする。

たとえば「練習」は「学習」のなかでも、とくに「本番」に対する準備として位置づけられるのが通常だが、本番と練習の違いは便宜的なものである。子どもが言葉を学ぶことを考えてみよう。初めは言葉なのか、ただの音なのかわからない発音から、喃語《なんご》、一語文、二語文と活用能力を成長させる。それは成人に達したときに正しく話すための「練習」をしているのだろうか？ピアノの発表会のために練習するのと同じ意味での「練習」なのか？　おそらく違うだろう。子どもにとっての発話は、そのつど、そのときの必要性があってなされるもので、その意味では、いつも「本番」である。しかしそれは、次のより複雑な発話能力の獲得のための「練習」にもなっている。ピアノの発表会「本番」のための「練習」というのも、じつは便宜的だ。ある大指揮者は、リハーサルの演奏が最高の出来だったため、もはや本番のコンサートをやる意味がないとキャンセルしたという逸話がある。この指揮者にとっては毎回の演奏そのものが芸術的行為なのであり、それは頭の中にある最も美しい演奏に向かって、実際の演奏を修正しつづけることの積み重ねであり、そこに練習と本番の区別などなかったのだろう。同じように、本当に自分の興味に駆られて歴史の勉強をしている高校生にとって、その勉強は「本番」の期末試験や入学試験のための準備ではなく、それ自体が本番だといえる。だから「練習」などという特別なものはない。練習とは、社会的になにか「本番」とみなされる行動への「準備」という意識でなされる行動に名づけられた、単なる名称にすぎない。

ほかにも「訓練」「勉強」「修行」などさまざまな名づけられ方があり、それぞれ異なるニュアンスで使い分けられていて、その違いにこだわる人たちもいる。どこまでが練習で、どこが本番なのか。一生修行だなどというのは、その区別などできないと言っているようなものだ。試験勉強のための「勉強」やコンクールのための「練習」をしている人は、たいがい「本番」の試験やコンクールが終われば、練習や勉強を終える。しかし、なかにはふだんから勉強などという意識なくその行動（歴史の本を読むとか、ピアノを弾くとか）を続け、そのまま社会に出て「試験」と呼ばれる場でパフォーマンスをし、それが終わってもなお、相変わらず淡々と、同じ行動を続ける人もいる。そのような人にとって、「練習」「勉強」と「本番」との区別はわれわれが勝手にそう解釈しているだけのこと、あるいは社会的にそのように呼ばれているだけのことであり、生物学的に区別できるものではない。

だからここでは、そもそも「練習」「訓練」「修行」「トレーニング」「勉強」などという特別な区別は生物学的には「ない」と考えて、これらをすべて「学習」と名づける。そして「学習」は「経験」と同義とみなす。

ただし、ここで唯一の例外として、専門用語として「学習」を用いるときには、少し異なる意味を付与して、生物学的に意味のある概念として用いたい。学習も練習も「経験」の一部、もっといえば生命活動のすべてが「経験」であり「練習」であり「学習」である。しかし、「学習」とよんだときは、心理学的に特別、意味のある言葉となる。それは「行動の変容が起こること」だ。「行動形成」とも「行動獲得」ともいう。これがまさに「能力」の概念に対応する。つまり「能力は学習から生まれる」と考えるのである。あるいは能力の形成・変化に関わる部分を「学習」とよぶことにする。

こうした言葉や概念の用い方の大雑把さ、雑さ加減に対しては当然、異論があるだろう。そもそも専門家集団が用いる専門用語の使い方からは逸脱したところがあり、また一般の人がふつうに使う使い方とも乖離《かいり》がある。言葉としては専門用語として用いられているものでも、用いるに当たっての文脈が本書特有のものである場合もある。だがここでは、ひとまずこういう使い方を筆者はしているのだと受けとめて、これからの議論を理解してほしい。

2-3　「遺伝か、環境か」という問い

「環境」と「遺伝」の意外な関係

さて、この「才能は生まれつきか、努力か」という問いかけとともに、よく口にされるのが、「才能は遺伝か、環境か」という問いである。ここでは外界にある「環境」という外在要因が、自身の内なる「遺伝」という内在要因に対するものとされている。外在要因としての「環境」といった場合、漠然と思いつくのは自然環境、社会環境、風土、時代精神、その場の状況などのように、そこにいるだけで無条件に受動的にさらされる要因だが、それだけではなく、「教育」「教

示」「指導」「コーチング」「カウンセリング」などといった他者からの意図的な関わりを通じてさらされる要因に注目されることも多い。さらにはもっと広く、国家が政策を変えることによる社会構造の変化や、自分の所属する組織や個人が意図的に何かを変えること（たとえば店の模様替えをするとか、朝一人でちゃんと起きるぞと決意して新しい目覚まし時計を買うなど）も、外在要因に含まれる。

おそらく「遺伝か、環境か」という問いは「生まれつきか、努力か」という問いと同じく、不可変か可変か、変えられないか変えられるかという問いとして表れると思われる。そして遺伝が変えられない要因、環境が変えられる要因と、一般に考えられるのだろう。

だからこの「遺伝か、環境か」という問いの構造は、「内在か、外在か」という次元と、「不可変か、可変か」という次元をあわせもっていると考えられる。とすると、外在だが不可変、つまり自分の意志では変えられない要因も考えられることになる。社会学ではこちらのほうを「生まれ」とよぶことが多い。「遺伝」という意味での「生まれつき」と紛らわしいが、これは区別しなければならない。自分を産み育てた親、生まれ落ちた地域社会、のっぴきならない時代背景など、そこから逃れることが不可能、またはきわめて困難な、ひたすら受動的に受けとめざるを得ない環境要因である。「親ガチャ」という言葉が一時、はやっていたが、これはまさに自分の意志ではどうすることもできない家庭環境への嘆き、あるいはあきらめだろう。そしてそれをいう

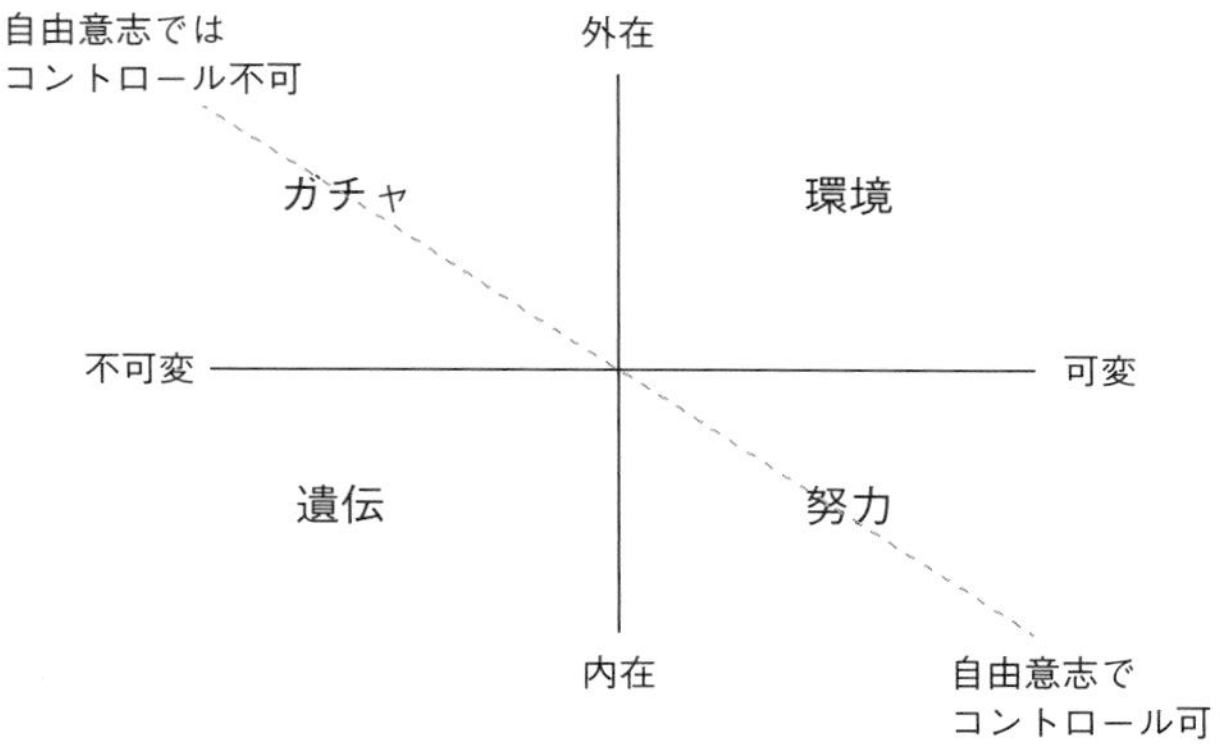

図 2-7　一般的に考えられている「遺伝」「環境」「努力」「ガチャ」のイメージ

なら、親だけではなく、自分が生まれ育った土地の風土や人がつくりだす物理的、社会的世界など、とくに子どものころの環境はすべて、本人にとっては「ガチャ」である。

そして「自由意志でコントロールできるかできないか」という問いは、実は「内在か、外在か」という次元と「可変か、不可変か」という次元が直交する二次元空間を斜めに貫いた問いであることがわかる。「内在する可変なもの」が自由意志でコントロール可能、「外在する不可変なもの」が自由意志の及ばないものということである。そしてその枠組みを使うと、俗に言うところの「遺伝」とは「内在する不可変なもの」、環境とは「外在する可変なもの」というイメージに相当する（図２－７）。

しかし本書の枠組みは、そうした世俗的イメージとは異なる。すでに図2－3と図2－5が示したように、「環境」もまた遺伝の影響をうける。図2－6で、遺伝が影響する領域が環境にもおよぶように描いたのは、そういう意味である。このことは次章でさらに詳しく説明しよう。

「才能」と「能力」の違いとは

能力の中でも、ここでとりわけ重要なのは、社会的に適切に機能している集団の成員が、「価値がある」と評価した能力である。「社会的に適切に機能している集団」などとあいまいな概念を持ち出してしまったが、ここではそのあいまいさを残したまま、厳密には定義しないことにしよう。

「フィギュアスケートの才能」は、その社会にフィギュアスケートというスポーツ競技があり、それにプレーヤーや評価者（観衆や審判や評論家）などとして関わる人たちがいるから成り立つ能力概念である。将棋の才能、ピアノの才能、受験の才能……などもたいていは同じように、その能力を披露する場が社会的につくられ、その能力を発揮しているパフォーマンスが他者によって評価される。ギネス世界記録には「24時間連続で何回縄跳びをとべるか（2021年の時点では15万1409回が最高記録らしい）」とか「口の中に何本のストローを入れられるか（400本が最高記録らしい）」とか、どうでもいいような（失礼）、しかしおもしろい「能力」のリストが並んでいる。これらが「社会的に適切に機能している集団によって価値があると認められた能力」なのかどうかはいささか疑問だが、少なくとも「ギネスワールドレコーズ」という組織が認定しているという意味で、社会的である。もっともそれをいうならば、一流大学入試に合格する才能は、本人以外の誰にとって価値があると評価される才能なのかも問われなければならないが、一般には「学歴」として社会に根深く通用する通行手形になっている。

いずれにせよ才能は、「能力」の中でも社会的に突出した価値を持つと評価されるもののことである。「能力」とは、すでに述べたように「知識」や「記憶」と同義・同次元の、学習性の心的機能であると考える。ただしこれ自体は構成概念にすぎず、具体的な実体があるとはかぎらない。実際にあるのは、一つの数学の方程式を正しく解く、４回転半のジャンプを成功させる、リスト作曲の超絶技巧を要する「ラ・カンパネラ」を芸術性豊かに演奏する、あるいは居間をきちんと掃除する、手際よくカルボナーラ・スパゲッティをつくる、初めて会った人と気の利いた会話をかわす、といった具体的な行動である。

しかし、ある人がたった一つの方程式を解けるだけではなく、ほかの方程式も正答できる、方程式以外の数学の問題も解ける、といった一連の関連行動を観察できたとき、その背後に「数学能力」という抽象的な構成概念を想定することができる。同じことは、フィギュアスケート能力、ピアノ演奏能力、室内掃除能力、パスタ調理能力でも、さらには運動能力や音楽能力、調理能力などのより一般的なものも想定することができる(注2)。ただし、ある行動がたまたま一回、偶然できたが、その後は何度やってもできなかったとしたら、それは「まぐれ」であって、その能力があるとはいえない。だから「能力」は、「ある特定の状況や課題において、個人に同じ機能をもった行動を反復して起こさせる神経的・身体的ネットワークの活動」と定義できるだろう。

数学やフィギュアスケートやピアノがその社会になければそれらの能力はないという意味では、あらゆる「能力」は生物学的実態ではなく社会的構成概念である。そして極言すれば、生物学的実態と思われるいかなる物質や現象(たとえば〝DNA〟や〝光合成〟)も、それを抽出して人間が考察の対象としている時点で、すべて社会的構成概念である。身長などは疑いもなく生物学的であると思われるかもしれないが、チンパンジーや赤ん坊の身長をどう定義するかは、それに関心を持つ人からどのように社会的コンセンサスを得られるかによる。

だが、身長に関わる諸条件は生物学的であることも疑いない。同じように、どんなに社会的に構成された「なんちゃら力」(知的能力、掃除力など)という概念が指し示そうとする能力もまた、生物学的であるといえる。生物学的実態と社会的構成概念を別物とみなすこと自体がナンセンスなのである。

あるシンデレラストーリー

いま「能力」を、社会的に認知されたものとして定義した。しかしそのことは、まだ社会的に認知されたことのない、自分ですら能力として認知していないことも「能力」として想定できることを意味する。

たとえば、他人の表情やしぐさから、その人が抱えている状況を思い描き、苦境に共感するという心の働きが起動しやすい人がいるとしよう。そして、そうした認知と感情は、自分と仕事や生活をともにしている人だけでなく、道ですれ違う人や、テレビや写真などに偶然写りこんだ人に対しても喚起され、それが長年つづき、自身の生活経験とその記憶が加わって、より鮮明なものになっていったとしよう。しかし、そこからとくに目立った行動に移すほどではなく、日々の生活がそのせいでかき乱されることもなく、いわば「あたりまえの感覚」として見過ごしていたとしよう。こうした内的状態は、私秘的で非社会的な現象なので、それが「能力」だという認識を、他人はおろか本人も持たない。しかし、先の能力の定義（ある特定の状況や課題において、個人に同じ機能をもった行動を反復して起こさせる神経的・身体的ネットワークの活動）によれば、それはすでに「能力」である。そしてひょっとしたらあるとき、それまでいじったこともなかったカメラをたまたま手にして、覗き込んだファインダーの中にそのような「能力」が喚起される人がたまたま入り込み、シャッターを押してできあがった写真を見て、自分にとって、このような人を写真の中で表現することが大切なことなのではないかと気づくかもしれない。そして、おのずと写真の構図や被写体との関係を築くことも考えるようになり、何枚もの写真を撮りためるようになる。ここまでくればそれは、社会的に認知されたカメラ撮影「能力」である（最初は能力というより「趣味」として認知されるかもしれないが）。あるとき、それをたまたま部屋に遊びに来た友人が見て、「おまえの写真、なんか心に刺さるよな」とボソッと言ってくれたことをきっかけに、もっといろんな人に見てもらいたいと思って写真雑誌に投稿してみる。はじめは採用されないが、投稿という社会的行為自体が撮影のモチベーションをより高め、何回か続けるうち、ようやく採用されるようになる。何度目かに採用された写真が、たまたま有名な写真家の目に留まり、この人の作品にはどれもこれまでにない魅力があると感じさせて、ブログに好意的な評論文を書いてもらう。その評価がさらに、写真界の中で地味に静かに知られるようになれば、それはもう「才能」といえるだろう。

架空のシンデレラストーリーのようだが、実はこれは筆者がある一卵性双生児の一方の人から聞きとった実話をもとにした話であり、なんとここに書いたようなことをきょうだいが二人とも類似した形で経験していたのである。その出発点はいきなり写真ではなく、むしろそれとは直接は結びつかない、他者の表情への共感という私秘的な経験、心のクセが生み出したものが、連鎖的に結びついていったというところが重要だ。このように考えると、誰にでも能力と才能の入り口の可能性は無限に、一人ひとり特有な形で、心のうちに存在していると想定しても無理ではない。

ピアノやスケートや学業のように社会的に認知された能力であれ、他者の悲しみの感情を敏感に察知するというような認知されていない能力であれ、ある時点の能力は、次の時点では学習する事前条件としての「適性」あるいは「レディネス」とみなすことができる。学習によって知識や技能に進歩があれば、それもまた次の時点への適性やレディネスとなる。

2-4　能力が表れる「確率」

ある個人に能力が発現するときは、その条件として、3つの出来事があると考えられる。それは、（1）個人間の出来事、（2）個人内の出来事（この2つは遺伝側）、（3）個人外の出来事（これは環境側）である。それぞれは固定的なものではなく、ある確率のもとにその高さや強さが変動する事前分布を想定することができる（図2-8）。

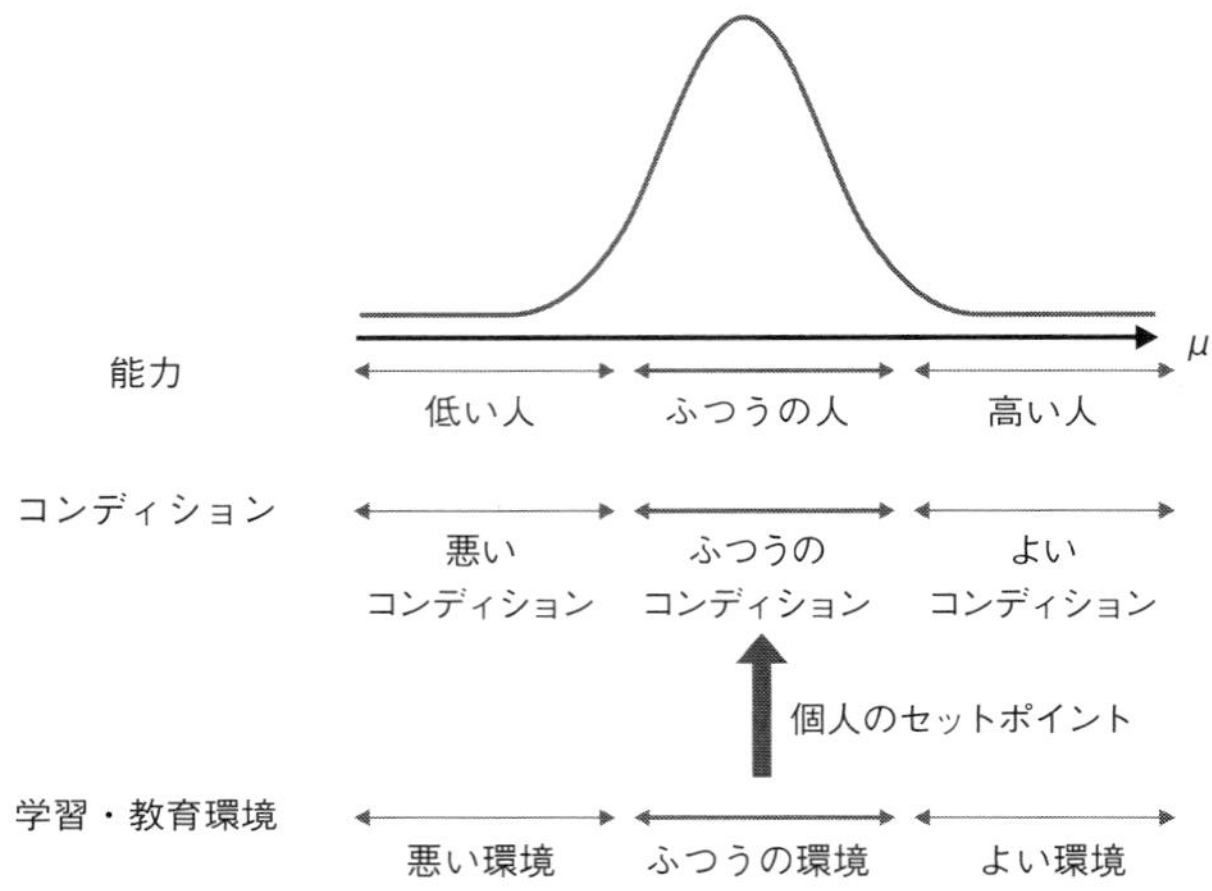

図 2-8　能力が表れる確率状態

（1）個人間の能力の差は、社会の中で一定の分布型で散らばる（とりあえず正規分布を仮定する）

（2）個人内でも能力の生起確率は一定の分布型で散らばる（これも正規分布を仮定）

（3）学習が発生する環境のレベル、ならびにそこに関与する教育のレベルも一定の分布型で散らばる（これも正規分布を仮定）

「遺伝側」からみた確率

やや硬い言い方になってしまったが、要するに（1）が意味するのは、いかなる能力についても社会の中には個人差があるということ、その能力が突出して高い人も突出して低い人もいるが、多くの人は凡庸な範囲にいるということである。そんなことはあたりまえだろうと思うかもしれない。だが、人はしばしば「人間とはそもそも……」などといって、本来は個人差があるはずの特徴についても、一般論として話をしがちだ。たとえば、「母親は子どもに愛情を示すものだ」というと一見、普遍的な母親の特徴に思えるが、その愛情の深さや強さ、表現のしかたには大きな個人差があり、冷淡なふるまいをする母親もいれば溺愛する母親もいる。「いや、どんな形で表現されるかに個人差はあっても、根本はみな等しく愛情をもつものだ」と主張する人はいるだろうが、「愛情表出能力」を想定すれば、誰一人として同じ表出はしないことも自明である。

（２）が意味するのは、同じ人でも、そのときのコンディションによって能力の発現の高低が変化するということである。同じことをやっても、そのときの体調や気分や集中力、あるいは努力の傾け方（これが非学習性の「生まれつき」の心的機能で述べたことである）によって、その出来は微妙に異なる。一回目と二回目とで、今日と明日とで、成功することもあれば失敗することもある。棒高跳びや走り幅跳び、重量挙げなどの競技ではそれが反映されている。これはある時点において、それぞれの人の中でのセットポイントがあり、人はそのセットポイントの高さにしたがって能力を発揮するということでもある。遺伝決定論に立てば、このセットポイントは固定的だが、生命現象はある程度の範囲で柔軟なものである。行動遺伝学は遺伝決定論に立たず、確率的に変化すると考える（これについては次章で論じる）。ただし、それがいくらでも上昇、あるいは下降を続けると考えるのではなく、セットポイントを超えて能力を発揮する確率は、その超え方がセットポイントから遠ざかるにつれて低下する。

なお、ここでいっているのは、能力の「蓄積的」な側面についてではなく、その能力を発揮させている基本的性能としてのセットポイントについてである。能力の蓄積的な側面としては、たとえば知識の絶対量や技量の絶対レベルは、学習や訓練を積めば一般的に増加傾向をたどることがあげられる。特定の目標に狙いを定め、長期にわたって長時間の意図的訓練を行えば、外国語、プログラム言語、将棋やチェス、記憶術、楽器の演奏能力やスポーツのさまざまな力量などで、いわゆる一流、超一流の域に達することが多くの研究で示されている（アンダース・エリクソン、ロバート・プール『超一流になるのは才能か努力か？』文藝春秋、２０１６年）。

問題はその出発点としての「特定の目標に狙いを定め、長期にわたる長時間の訓練を行う」ところに、遺伝的な個人差が関与していることだ。人生において、どんな目標に出会い、照準をあわせることができるか、長時間の思慮深い訓練を、苦労をものともせず持続できるだけの対象と状況が得られるか、そこには遺伝的な個人差が影響してくるのだ。

「環境側」からみた確率

これが（３）の問題とも関係してくる。どんな能力も訓練なしには獲得されず、伸ばすこともできない。社会にはその訓練や学習をしやすい状況と、しにくい状況がある。そのような状況のレベルも、確率的に分布する。たとえばピアノのレッスンをすると決めたとしよう。午後４時から午後６時までの２時間、必ず練習すると決め、日常生活においてそれが習慣づけられる人はいる。しかし、そんな人でも日によってうまく練習に乗れる日もあれば気分の乗らない日もあるだろう。見かけ上きっちり２時間の練習をこなしても、その中身は日によって異なるはずだ。練習したくなる課題が頭に浮かんでこず、１時間半で切り上げてしまうことも、逆に気がついたら３時間も集中して練習できたなどということもあるだろう。不慮の出来事により途中で中断を余儀なくされることもある。このように学習の機会にも変動がある。

さらに、学習の機会は教育によってコントロールされる。ここで「教育」とは、学校教育はもちろんのこと、学校外においても、何らかの意味で「教師」に当たる他者（親でも、近所のおじさんでも、友人でも）が自分の学習に対して、説明、例示、指示、特別な学習素材の提供、評価などの形で関与することを意味する。

出会う教師の力量や教育環境の質、量にも差異がある。優れたコーチが長年つきっきりで指導してくれる、師匠の家に住み込みで日常生活まるごと訓練をさせてもらえる、といった場合もあるかもしれないが、そのような人は少ない。つまり、そのような環境に遭遇する確率は低い。月に1回、年に1回などの限られた時間の指導ということもある。まったく教育を受ける機会がなく、すべて独学による個人学習ということもある。こうした個人間の機会の差とともに、さきほど指摘したように同じ人でも日によって異なるといった個人内変動もある。

これらの変動は、決して上下に無限にいかような値でもとるのではなく、確率的に最もとりやすい値（最尤値《さいゆうち》）があり、一般には上に行くほど、下に行くほど、確率は低くなるという確率分布をとると考えるのが自然だろう。確率がゼロになることは理論的にありえないが、上下とも限りなくゼロに近くなる。

これら3要因がすべて、能力の個人差の要因となる。そして次章で述べるように、そのすべてに遺伝的個人差が関与している。固定的な能力観は、（2）と（3）を考えず、（1）だけをみて能力は固定的と考える。しかし行動遺伝学にもとづいて能力と非能力について考えるときには、これらの3つの側面が、このように一定の範囲で確率的に変動することを想定しなければならない。

2-5 ゴールドスタンダードとしての「知能」

これまでは「能力」について、とくにどの能力かにかかわらず、一般的・抽象的に論じてきた。ここからは、これまでの議論をふまえて、より具体的に「能力」について考えてみよう。あなたが一番気になる能力はなんだろうか。サッカーの能力や運動能力だろうか。それとも歌唱力や音楽能力だろうか。ここでは、そうした能力の代表として「知能」について考えてみたい。それは「知能」が能力研究のゴールドスタンダード、すなわち「能力」と呼びうるものを科学的に考える際に、最も標準的な理論や方法、そして成果を提供してくれるものだからである。

知能を、能力を考えるときのゴールドスタンダードとする理由としては、次の６つが挙げられる。

（１）知能は人類最大の関心事である
（２）心理学的測定法（ＩＱテスト）が確立している
（３）一因子性と階層性が示されている
（４）脳神経学的基盤が解明されつつある
（５）遺伝的基盤が解明されつつある
（６）知能とは統計学的現象である

以下、順にみていこう。

（1）知能は人類最大の関心事である

知能あるいは知性が、古今東西、人々の大きな関心事であったことは間違いないだろう。ギリシア神話にはメーティスが知恵の神として登場し、メーティスとゼウスの間に生まれた娘、アテーナーもまた知恵の神である（ギリシアの神々はしばしば両親の性格が融合されて新たなキャラとなるのだが）。古代インドではサラスヴァーティー（日本では弁財天）がその役を担っている。日本神話では思金神《おもいかねのかみ》が知恵の神とされる。天岩戸から天照大神を救出する策を思いついたのはこの神だ。歴史的にも、ローマ5賢帝や、いにしえの中国の賢人たちが登場する。

これら伝説上の賢神、歴史上の賢人たちが、その知の力によって讃えられるのは、彼らが人々が抱える問題を解決するために知恵を発揮してくれたからである。賢さは人々の幸福のためにあった。いまでは、他人よりよい学校に進学するため、他人よりも金を稼ぎ社会の中で有利な地位に立つため、あるいはせめて他人から馬鹿にされないためなど、他者との比較において、私的な目的の道具として関心を集めているが、もともとは、このように公的な意義を示しているのだ。

しかしいずれにせよ、知能への関心は、そこに歴然とした個人差があり、より賢いほうが望ましいという価値観からきていることは自明である。心理学においても、知能の個人差をどう捉えるかは重要な問題であり、それが次に述べる知能の測定法の開発に関わってくる。

いっぽうで、哲学における知性の探究は、ロックの『人間知性論』やカントの『純粋理性批判』に代表されるように、人間を人間たらしめるために最も重要で普遍的な精神の働きとしての知性の本質を問う方向に関心が向けられていた。そもそも、ヒトの学名である「ホモ・サピエンス」(Homo sapiens) が「知をもったホモ族」の意味だ。知能はヒトが一目置かれるための重要な形質であったことをいみじくも言い表した命名である。

このような関心は、知の個人差への関心というよりも、そもそも人が何かを「知る」とはどういうことなのか、知性によって得たと思われる知識が正しいことの根拠は何か、知性は先天的なものか後天的なものか、知性の中核をなす理性を、悟性や感性というほかの精神の働きとどう区別し関係づけるかといった問題に向けられてきた。

心理学においても、認知心理学が取り組んでいる推論・記憶などについての研究は、すべて知能のしくみの解明に関わるし、その発達過程に挑んだピアジェの発生的認識論や、ヴィゴツキーの発達最近接領域説なども、知能の発生の解明として位置づけられる。霊長類をはじめとする比較行動学的研究は、ヒト以外の動物の認知過程との比較によって、ヒトの知能の特性と進化的獲得過程の解明をめざしている。さらに近年発展を遂げている人工知能の研究も、その実用的な技術開発を通じて、あらためてヒトをはじめとした「自然知能」とは何かを、根本から理解するうえでの強力な参照枠を提供してくれている。

このように、知能は人間の最大の関心事である。それはつまるところ、ヒトの脳が世界を知り、「知る」とともに身体を世界に適応させようとする臓器として進化してきたからだと思われる。だからその知能が、みずからを「知ろう」とする営みも果てしないのである。

（2）心理学的測定法（IQテスト）が確立している

知性とは何かという哲学的な問いと、賢い人は賢くない人とどうちがうのかという個人差への問いは、無関係ではない。そもそも知能の個人差を問うためには、知能とは何かが定義されねばならない。だが「知能」が誰にとってもきわめて気になる特性であるがゆえに、誰もが「知能」についてのなにかしらのイメージをもっているため、「知能」に万人が納得のゆく定義を与え、しかもその定義が空理空論ではなくきちんと実際の意味があることを示すのは難しい。

19世紀の終わりごろ、科学的心理学の草分けであったジェイムズ・マッキーン・キャッテルは、頭のよい人は鋭い感覚や反応時間の速さをもっているはずだと考え、皮膚感覚の弁別能力（背中に当てられたコンパスの先の二点を区別して感じることのできる距離）や、音が聞こえたらどれだけ速く反応できるかを測ったりした（出典2）。いわゆるメンタルテストである。これは誰もが同じ問題に同じ条件で示したパフォーマンスを正確に測ろうという、その後の心理測定の根幹となる画期的なアイデアだった。しかしながらそれらはいずれも、学校の成績のようないわゆる

□言語性検査
➢同義語（同じ意味の言葉を選びなさい）
後悔［a. 憎む　b. 欲しがる　c. 残念がる　d. やり直す］
➢推理（？に当てはまる言葉を選びなさい）
足：サッカー　＝手：？［a. 水泳　b. バスケットボール　c. 体操　d. スキー］
➢一般的知識
日本の総理大臣の名前を５人あげてください

□空間性検査
➢メンタルローテーション（同じ図形を選びなさい）

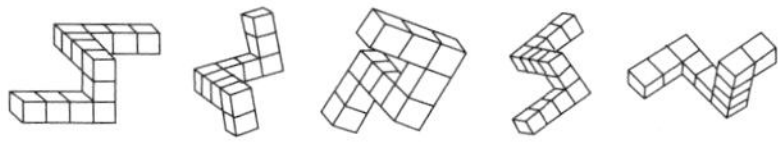

➢推理（？に当てはまる図形を選びなさい）

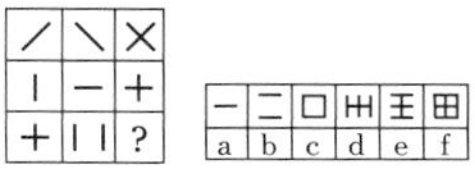

図 2-9　知能検査の例

「頭のよさ」とは無関係であることがわかった。

たしかにキャッテルのアプローチは、知能という複雑な営みを厳密に操作的定義のできる要素から組み立てようとしたという意味で、一見、要素主義的で科学的だった。しかし、それは常識的に見たときの「頭のよさ」を反映していなかった。知能への心理学的研究の成功は、そうした科学的厳密性よりも、いかに常識を信頼して課題をつくるかに舵を切ったことでもたらされた。それが今日まで連なるビネーの知能検査である。知能検査の問題を公開することはできないが、その事例をあげると、たとえば図2-9のようなものになる。

ビネーはシモンとともに、常識的な頭のよさをあらわす課題と、現在まさに使われている一般的知識や記憶や問題解決課題にバッテリーを組ませることで、妥当性の高いパフォーマンス尺度を構成することに成功した。これを知能指数（ＩＱ）として数値化したのがシュテルンであった。

この知能検査、すなわちＩＱテストから吐き出される知能指数は、「頭のよさ」をたった一つの数値で露骨に表現するそのわかりやすさから、世間に流布し、よく利用されるとともに、憎悪された。人を序列化し、差別するための道具になる、知能検査で測られているのは本当の知能ではない、などなど、知能が人々の関心事であったがゆえに、さまざまな知能検査批判が生まれた。それらの批判にはイデオロジカルなものもあったが、批判に答えるために知能検査の妥当性や信頼性を検証する実証研究が心理学の他のどの検査よりもたくさん実施され、その効用と限界が示されたこと、そして次に説明するエビデンスにもとづく確かな心理学的理論を生み出したことの功績は大きい。

こうしてつくられた一見、無味乾燥なＩＱという数字は、しかし非常に強力な心理的指標であることが、一連の研究から明らかとなった。それは学業成績はもとより、学歴、収入、社会的地位、犯罪（の起こしにくさ）を予測した。のみならず次に述べるように、脳機能や遺伝との関連も示した。それは社会的構築物であるとともに、生物学もきちんと反映する、すぐれものだった。もし知能検査をあやしいと批判するならば、他のあらゆる心理学的検査はどれも、もっともっとあやしいものになる。

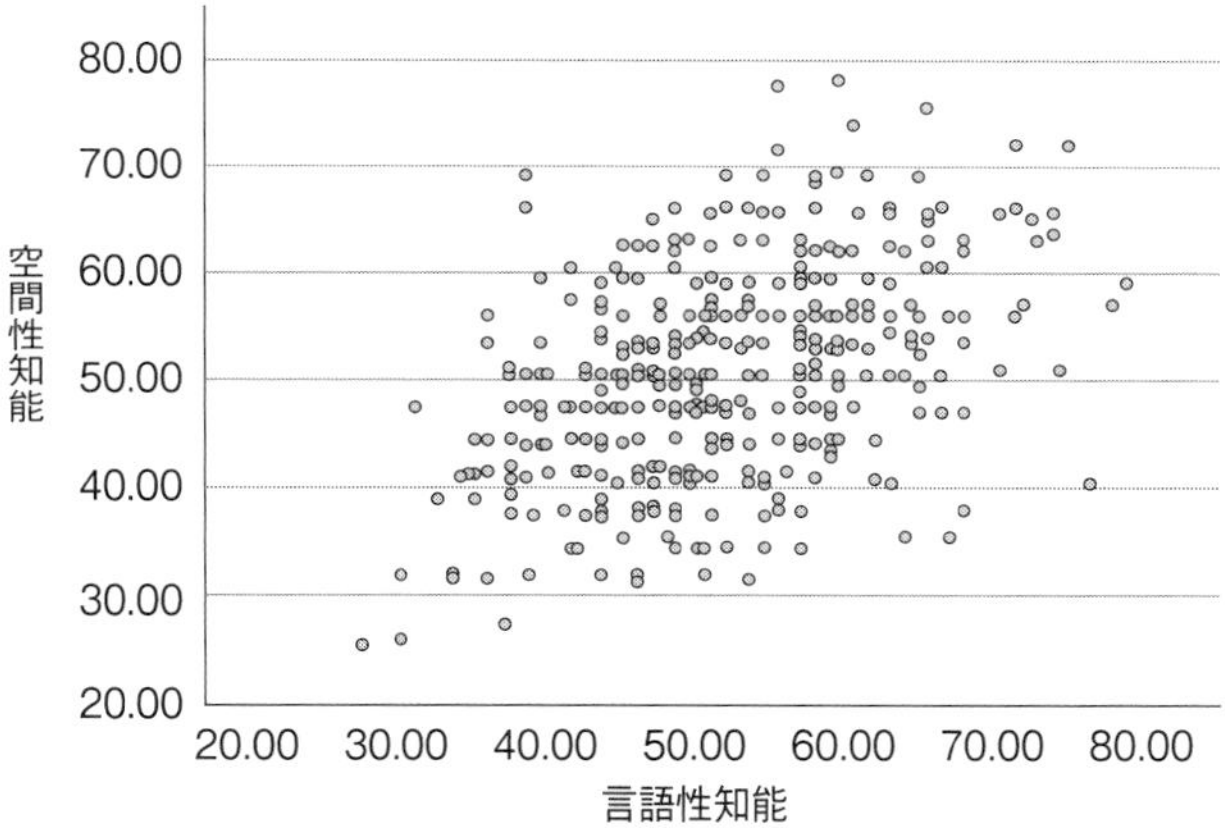

図 2-10　言語性知能と空間性知能の相関関係（相関係数は 0.51）

（3）一因子性と階層性が示されている

こうして開発された膨大な知能検査の結果を眺めてみると、いくつかの普遍的な知見が得られてきたことがわかる。

もっとも重要なのは、その「一因子性」である。これまでにたくさんの種類の知能検査項目が開発されてきた。種類がちがえば、知能のちがった側面が評価され、その結果は互いに完全には一致しない。そのことからしばしば、道具がちがえば知能も異なると主張される。しかしそれは程度問題にすぎない。種類がちがってもその得点には互いに高い相関があり、ある種類の検査（たとえば言語性知能検査）で測った得点が高ければ、別の種類の検査（たとえば空間性知能検査）で測った得点も概して高くなる。

とはいえ、もし同一なら一直線上に並ぶはずだが、図２－10をご覧いただくとわかるように同一の得点とはならず、二つの得点はそこそこ異なる。これはやはり、ちがった能力を測定していること（それに測定誤差も加味される）を示しており、だから一つの検査で測った数値を絶対視してはいけない、との忠告がつく。とはいえ、相関があることも事実なのである。相関にはいつもこのような「程度問題」がつきまとうから、話が簡単にならないのだが、そここそが大事なのだ。

相関があるということは、その両者の間に、そして知能検査の項目間に、それらを相関させる共通の何かがある、つまり一因子性があると考えるのが妥当だろう。それが「一般知能」とよばれるものだ。その共通する一因子を統計学的に導き出すのは、因子分析という手法である。この手法を初めて使ったのが、まさに一般知能の存在を示したスピアマンの論文だった（出典３）。

ちなみに、パーソナリティでは原則として一因子性は出てこない。パーソナリティには外向性、神経質、協調性などの異なる因子が見出されるのがふつうであり、その分類のしかたは因子のモデルによって、２つに分ける（e.g. グレイの行動抑制システムと行動活性システム、３つに分ける（アイゼンクの外向性、神経質、神経病質）、５つに分ける（現在最も主流であるビッグ・ファイブ＝外向性、神経質、経験への開放性、協調性、誠実性）、６つに分ける（HEXACO＝先のビッグファイブに「正直さ―謙虚」が加わる）、７つに分ける（クロニンジャーの新奇性追求、損害回避、報酬依存、固執の４気質と自己志向性、協調性、自己超越の３性格からなる）などが提唱されている（これらを一つに合成して「一般パーソナリティ因子」とする考え方はある）。

それに対して知能は、記憶、言語課題、空間課題、語彙、推論、などさまざまなテスト項目が開発されているが、どんなテスト項目をつくっても互いに相関があり、その背後に共通する因子が想定される。それを「一般知能」として概念化しているのだ。したがって逆にいえば、どのテストを用いても、そこには一般知能が関与していると考えられる。一因子性は頑健なもので、ある領域に固有な特殊因子がそれに色合いを与えるという古典的なスピアマンの二因子説がもっとも顕在であり、それを展開したキャッテル・ホーン・キャロル理論（ＣＨＣ理論）が、一般知能理論のスタンダードとみなされている。

他方、知能は一つではなく多様であるという考え方も、一つの知能観の主流をなしてはいる。古くはサーストンの多因子説、最近ではガードナーの多重知能説がある。とくに多重知能説は、教育界では受け入れられやすい。それは人間の能力が示すさまざまな文化的な多様性、個人内の能力間の凸凹をきめ細かく見て、長所短所を評価し、長所は伸ばし短所を補うといった教育的指導の指針に資することができるからである。その意味で多因子的な見方は有益であるが、ガードナーが挙げた８つの因子（言語的、論理数学的、音楽的、身体運動的、空間的、対人的、内省的、博物的）は、便宜的で、恣意的ですらある。ガードナーが掲げていない知能は、たとえば政治的知能、経済的知能、家政的知能、調理的知能などいくつも想定できるだろう。もし多重性を強調するなら、知能はもっとずっと多様で、８つに集約などできず、むしろランダムにダイナミックにクラスターをつくり、しかも相互にネットワークをなしていると考えるほうがリアリティがある。そのネットワークによって全体が一つにまとまっていると考えると、一因子性が浮かび上がってくるのである。

それでは知能のさまざまな側面は、この一因子性からはどのように理解されるのだろうか。それが、「g」とよばれる一般知能因子を頂点とした階層構造である。その下に言語性、動作性、空間性などの因子が連なり、その下にさらに推論、記憶、記号操作、言語理解などの因子がくる。これらの因子の分類のしかたはこれまた研究者によって多種多様だが、よく用いられるのが流動性知能（gf）と、結晶性知能（gc）の二因子からなるモデルである。

他方、情報処理のモデルとしては、短期記憶（ＳＴＭ）と長期記憶（ＬＴＭ）からなる二貯蔵庫モデルが認知心理学ではスタンダードとなった。やがてＳＴＭ（その中でもとくにワーキング・メモリ＝ＷＭ）は知能ではgfに、ＬＴＭはgcにほぼ対応し、さらにＷＭは前頭前野の働きと対応することが示された。とりわけ背外側前頭前野の抑制機能は、霊長類でも同等な働きが見出されている。ＬＴＭに蓄積された結晶性知能、あるいはいわゆる「知識」は、文化的領域に応じて多様であり、脳のさまざまな部位に、神経線維のネットワークとして実装されており、その内容も多様である。それが現象としては多因子あるいは特殊因子、さらには個々の知識としてあらわれる。コンピュータにたとえれば、アプリやソフトやデータベースにあたる。

要するに、ＳＴＭとＷＭとｇとはおおむね同じ働きをしており、それは前頭前野と頭頂葉間のネットワークを軸とした、内容に依存しない情報の統合、計算、比較、メタ認知などをつかさどり、コンピュータにたとえれば中央演算装置にあたる。そして次章で示すように、一般知能の個人差への遺伝の影響は、あらゆる心理的形質のなかでも最も高い。一方で、実際の知識領域は多面性を持ち、脳のさまざまな部分にある程度、分散しながら、互いに協調して働いている。

それにしてもそもそも、この「ｇ」とは何か。つまり、「一般知能」と名づけられる脳の機能の、最も本質的な特質はなんなのだろうか。

スピアマンは知能の定義として、「関係性の抽出とその適用」だとした。つまり規則性や法則性を見出し、それを別の場面に応用させることである。ヒトの知能は実にさまざまな働きをしており、たった一つの機能に還元することは難しい。「脳は予測器である」という考え方はヒントになる。その一つのわかりやすい特徴が、スピアマンのこの定義だろう。人は一見異なる事象を複数経験させられたとき、それらを比較し、そこになんらかのパターンやルールや意味のあるまとまりを見出そうとする。そうしなければ情報はてんでんばらばらに入り込み、混乱し、理解するには膨大な情報処理のエネルギーを割かねばならなくなる。これをできるだけ効率化し、できるだけ最小限のエネルギーで複雑な外界・内界の刺激パターンに適応するために、このような法則の抽出をしようとしているのではないだろうか。

その証拠に、この法則化は、自然現象に向かえばカテゴライズ（動植物に名前をつけ、星の並びに星座を当てはめ、さまざまな自然の法則を発見する）、ヒトの社会的行動においては規範や道徳や法律（このようにしなければならないという社会的決まりをつくりたがる）、事務作業についても、個別に発生する複雑な状況に対処するために雑で乱暴なマニュアル化をしたがる。これらはいずれも他の動物でも断片的にはみられるが、とくにヒトにおいて顕著に見出される「人間らしさ」である。

（4）脳神経学的基盤が解明されつつある

近年の非侵襲的脳画像の手法で、知能検査やそれに類した認知的課題を遂行しているときの脳活動を、動的に捉えることができるようになった。この成果も巨視的には一貫しており、前頭前野と頭頂葉のネットワーク理論が強力である。これはＳＴＭ≒ＷＭ≒gの働きである。

一方、ＬＴＭ＝gcは、現実的には脳の多様なネットワークの中で個人個人が、その人なりの知識を構成してつくり出されるものと考えられる。

その意味で、「知能」の実体とは構成的であり、本質的なものではない。知能などという人類普遍の単一のものは存在しないのだ。それは個人の中でも社会の中でも、統計的な現象として表れる。

最近注目されている「脳の統一理論」といわれるフリストンの自由エネルギー最小化の原理に則して考えれば、脳はこれまで「学習の臓器」とされてきたが、近年では「予測の臓器」として統一理論が構築されつつある。すでに外界にある知識を受動的に習得するだけの「学習」だけでなく、むしろ外界からの情報を事前に「予測」するモデルを能動的に構築していて、その予測誤差を最小化するように働いているという考え方である（自由エネルギー原理）。脳活動がこの原理に従って働いている証拠は、現時点では知覚や情動の限られた範囲にしか認められないが、この原理は脳活動全般に当てはめて理解することができると思われる。人が生きていくためには、自分の行動に関するもろもろのことがらを「正しく理解できている」という感覚」が頼りとなる。この「正しさ」の感覚が外界に対する適応感、環境へのフィット感、チューニングされた感じとなる。だが「正しさ」の感覚はしばしば揺らぎ、正確さを欠いていたり、理解できていなかったり、もっと正しい理解のしかたがありそうなことに気づくことがある。そして、それを理解するために必要な知識にアクセスできていないことに気づくと、それが知的好奇心となり、学習欲となる。しかし、学習素材がなかったり、そのための時間や財力がなかったり、その機会を奪われていることなどから、学習行動に至らず、わからないまま放置せざるを得ないことも少なくない。そうなると、もやもや感が募ったり、判断にためらいが生まれたり、わかったつもりだが、なんとなく違和感をおぼえ続けたりする。このように、「理解すること」は「生きること」に深く関連している。そして理解するための重要な働きを担っているのが知能である、とする考え方である。

知能の働きのレベルも、勤勉性などと同様に個人ごとにセットポイントがあり、中心にある事前確率にしたがって上下に変動する。その事前確率を個人に対して与えるものが、遺伝条件と、偶然に出会う環境条件であると考えると、これから述べる行動遺伝学の知見とも整合性がとれる。「一定の確率分布に従って生起する」という、本章で提示した能力観もそこに依拠する。

（5）遺伝的基盤が解明されつつある

そして、知能は本書の眼目である遺伝的基盤との関係が明らかである。知能検査の得点が遺伝の影響を受けていることについても、確かな知見が蓄積されている。これが次章のテーマである。

（6）知能とは統計学的現象である

最後に、知能についての重要な、そして能力一般にも適用できる考え方をあらためて確認しておきたい。これだけ頑健なエビデンスをもとに構築された「知能」は、もはや明らかに脳の中に実体として普遍的に存在するものというイメージを与えがちだが、それは幻想であるということだ。知能という現象は、遺伝子の生み出した脳が無数の物理的・社会的刺激の動的パターンに対して、一刻一秒とどまることのない神経活動から統計的につくり出した内的モデルの表れであり、われわれはその全体のパターンを見ているにすぎない。

よく挙げられる例であるが、それは画素数の大きなカメラが映し出す外界像のパターンのようなもので、あくまでも画素の小さな単位の集合が織り成す外界の近似にすぎない。そこに花やヒトの顔が映し出されていたからといって、花そのもの、顔そのものがあるわけではない。その集合体としての「知能」の構成要素がどこかに実在として存在するわけではない。その意味で知能は「構成主義的」なのである。ただしこの「画素」の比喩が必ずしも完全にあてはまるわけではないのは、スクリーン上の画素はその最小単位では平坦で無機的な淡色の粒に行き着くが、神経活動においては、軸索を疾走する電気信号にしても、その末端で放出される神経伝達物質の動きにしても、そのネットワークの組み合わされ方や、そこでの遺伝子発現のしかたにしても、どの細部に分け入っても、生命活動そのものだということである。

そのため、極端な構成主義が本質主義に対抗してしばしば主張するような「いかようにもなりうる」というものではなく、構成された神経活動のパターンが対象物に対し、個人として、種として、時間的にも機能的にも一貫性を見出せる程度の、十分に安定した状態をつくり出している。だから、あたかもそこになんらかの本質が存在するかのように見えるし、また実際、本質があると仮定したモデルのほうが、「いかようにもなりうる」と仮定するよりもはるかに適応的なほど、安定したパターンが確率的に存在している。

この微妙さに、居心地の悪さを感じるかもしれないが、自然とはそもそもそういうものだとしか言いようがないのである。

第2章　注と出典

注1　ここでいう相関係数は一般にピアソンの積率相関係数もしくは級内相関係数で与えられる。ピアソンの積率相関係数rは相伴って変化する一組の数値ペアx_iとy_iがn組あったとき、以下の式で与えられる。

$$r=\Sigma(x_i-\bar{x})(y_i-\bar{y})/\Sigma(x_i-\bar{x})^2\Sigma(y_i-\bar{y})^2$$

ここで双生児きょうだいのペアの片方の測定値をx、もう一方をyと割り当てれば、双生児の類似性の指標となる双生児相関係数が与えられる。この場合きょうだいのどちらをxに割り当てるかは原則としてランダムであるが、そうなると割り当て方で相関係数の値が微妙に異なることになり、サンプル数が非常に大きければその違いはほとんど無視できるが、小さいサンプルの中にごく少数でもペアの片方に外れ値があるケースがあると、そのいずれを x と y に割り当てるかで、無視できない相関係数の値の差が生まれる。ここで級内相関係数を用いれば、このような割り当て方による差は生じない。双生児きょうだいの級内相関係数iccは、一度ランダムに x、y に割り当てた数値対を、すべて逆の組み合わせにして追加するダブルエントリーというやり方で算出したピアソンの積率相関係数の値で求めることができる。

なおふつうのシングルエントリーによるピアソンの積率相関係数で、意図的に先に生まれたほうを x、あとから生まれたほうを y と割り当てておくと、分析の仕方によっては出生順位の効果の検出に用いることもできる。また二卵性の異性双生児の場合に、たとえば男児を x、女児を y のように性別によって割り当てておくと、性差の効果を検出することもできる。

(注2) その意味で、50歳を超してから、それまで弾いたことのなかったピアノで、高度な技術を要するリストの「ラ・カンパネラ」ただ一曲を弾くことに7年間を費やし、みごと芸術性豊かに弾けるようになった「カンパネラおじさん」こと、徳永義昭さんという実在する驚くべき佐賀の海苔漁師の方は注目に値する。その「ラ・カンパネラ力」を「ピアノ演奏能力」と呼ぶことができるかは興味深いテーマである。この方はその後、ショパンの「革命のエチュード」に挑戦していると

いう。

出典1 Reed, T., Viken, R.J. and Rinehart, S.A. (2006) High Heritability of Fingertip Arch Patterns in twin-pairs. American Journal of Medical Genetics, 140A:263-271. 正確には男性一卵性０・８９、女性一卵性０・９２、男性二卵性０・４８、女性二卵性０・４０、異性０・３９である。

出典2 DuBois, P.H. (1970) A History of Psychological Testing. Allyn and Bacon, Inc. 470 Atlantic Avenue, Boston

出典3 Spearman, C. (1904) "General Intelligence," Objectively Determined and Measured. The American Journal of Psychology, 15(2), 201-292.

第3章

3-1 「行動が遺伝的である」とはどういうことか

一卵性双生児は「心」も類似する

第1章では遺伝子のしくみと働きについて、そして第2章では才能を遺伝と環境の枠組みの中でどう考えるかについて述べてきた。これでようやく本書の中心的なテーマである才能の遺伝について語る準備が整ったといえる。

能力やパーソナリティなどの心理的な形質では、一卵性双生児の類似性と、そこから算出される遺伝率は、意外なほど大きい。しばしば、そのことをいぶかしんで、二人が間違えられやすいからではないかとか、同調行動をとりやすいからではないかなど、いろいろなあとづけを考えて遺伝率が大きく見積もられすぎていると邪推する人がいる。しかし前章で示したように、一卵性と二卵性の相関パターンを見れば、心理的な形質の類似性は、取り違えや見まちがいが入らないような細胞レベルや神経レベルや身体レベルの類似性と比べても大差がない。

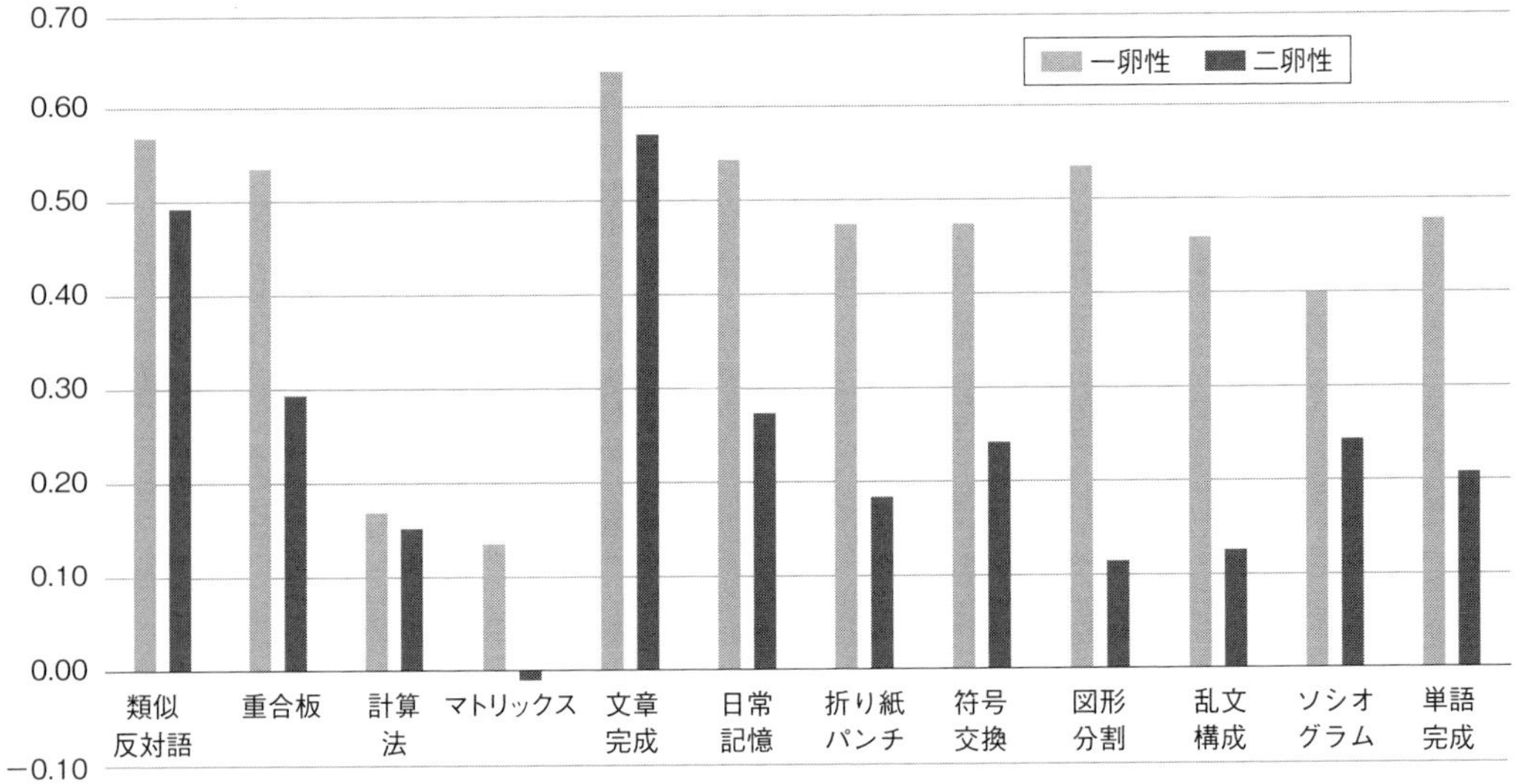

図 3-1　京大 NX15–知能検査の下位検査得点の双生児相関
(慶應義塾ふたご行動発達研究センターのデータベースより算出)

心理的な形質のなかでも知能は知能検査によってIQ得点として算出されるが、知能検査は前章で紹介したように、同義語を見つけたり、図形が並ぶパターンを見つけたりなど、いろいろな下位検査の得点を合計したものである。そこで、その検査項目ごとに双生児の類似性を比較してみたものが、図3-1である。

また、パーソナリティについては、たとえば「神経質」は「自分に対する他人の態度に腹がたつことがよくある」「ちょっとしたことにも怖がりやすい」「自分が無力だと感じて人に解決してもらおうとすることがよくある」などの、また「外向性」は「私は、会ったほとんどの人を心から好きになる」「強い刺激がほしくてたまらなくなることがよくある」「私は、自分のまわりにたくさん人がいるほうが好きだ」などの記述に対して、ふだんの自分がどのくらいあてはまるかを5段階で答えてもらい、それらの値を合計した数値を用いて評価される。その項目ごとに、双生児の類似性を比較したものが図3-2である。

これらいずれの水準で見ても、一卵性の類似性は二卵性の類似性をおおむね上回る。知能検査やパーソナリティ検査は部屋の中で紙と鉛筆で回答してもらった結果であり、生身で行動している場面とはちがうと思われるかもしれない。しかし、一卵性双生児に自由に行動してもらった場面をビデオで録画して比較しても、類似性は強く見出される。

科学研究を楽しくわかりやすく紹介するために制作されたテレビ番組に協力するなかで、そん

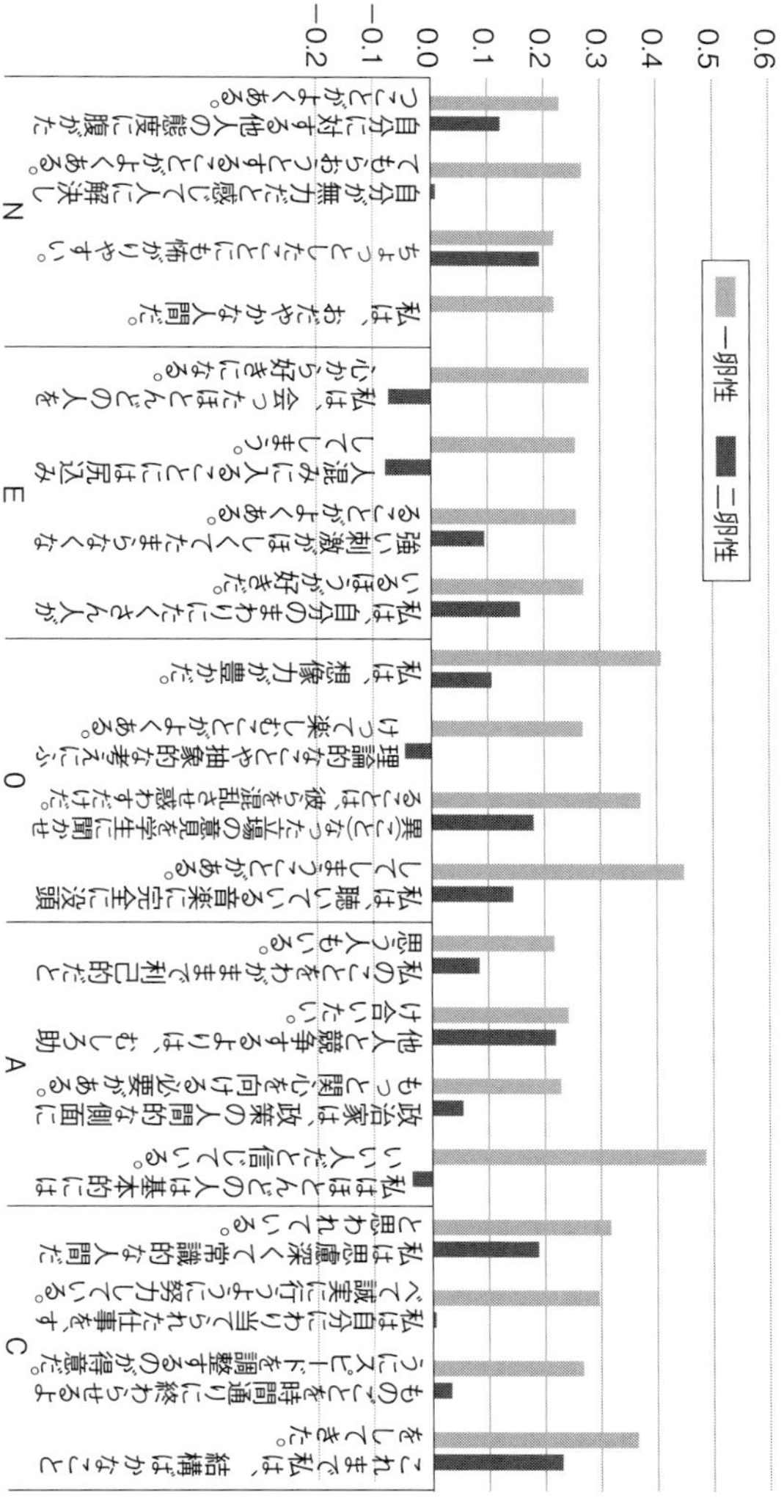

図 3-2　パーソナリティ（NEO-FFI）の各項目の双生児相関
（慶應義塾ふたご行動発達研究センターのデータベースより算出）

な場面を設定したことが何度かある。たとえば5歳のふたごのお子さんたちに別々の部屋に分かれてもらい、おもちゃを自由に使って遊んでもらう場面をつくったところ、協調性あるいは利他的傾向の高さを示すと思われる、友だちを手助けしてあげる行動が、ふたごの一方では、おままごとをしている子にまな板を差し出してあげる、もう一方では、エプロンをつけようとしている子を手伝ってあげるという形で出現した。

あるいは、英語を教える実験教室でやはり別々のクラスに分かれてもらって、一方には文法訳読式、他方には会話中心式の教え方をしたとき、どちらもマンガ好きのきょうだいの一方は、先生に隠れてマンガを描き、もう一方は、やはり先生に隠れてマンガを読んでいた。

もちろんだからといって、ふたごの行動が常にこのような類似性を示しつづけるわけではない。基本的には一卵性双生児のきょうだいであっても、独立した個人としてそれぞれの自由意志で行動しており、さまざまな要因で異なる考えや感情や行動が生まれ、それぞれの独自性をつくり出している。しかし、そのように一人ひとりの自由度が高く、偶然にも左右される状況の連続のなかでも、やはり、一卵性双生児は二卵性双生児と比べて、類似した行動が相対的に多く出ることは確かなのである(注1)。

私たちが慶應義塾ふたご行動発達研究センターで行ったプロジェクトのアンケート調査で、約200組の成人双生児に「ふたごらしいよく似た経験の逸話」があるかを尋ねたところ、二卵性双生児でも、とくに同性の場合は、同時に同じ歌を口ずさんでいたとか、同時に同じことを言うというような行動が、一卵性とほぼ同じくらいの頻度で経験されていることがわかった（一卵性で26％、同性二卵性で23％、異性二卵性が13％）。しかし、同じものを買ってくるとか同じ食べ物を好んで食べるというような、行動上の類似経験は一卵性のほうが多く（一卵性60％、同性二卵性40％、異性二卵性29％）、また、よく似た経験はしないと答えたふたごは二卵性のほうが多かった（一卵性10％、同性二卵性34％、異性二卵性33％）。

このようなことから、心の働きも体の働きも、同じように遺伝の影響を受けていることが示される。体つきや病気はともかく、人の心だけは特別であり、遺伝子の支配を超え、自分の自由意志によっていかようにもなりうるという考えは魅力的だが、単なる神話、錯覚、迷信にすぎないということがおわかりいただけるだろう。だが一方で、人間の行動は遺伝子によって完全に支配されているという考え方もまた幻想にすぎず、実際には遺伝の影響は日常生活の行動の中にときどき見え隠れし、ゆるくその存在感を示している程度である。

前章で述べたように、自分の心や行動を、その場そのときの意志によって認知的にコントロールすることはできる。しかしそれはその人のセットポイントを中心に、一時的にある程度の範囲内で環境に適応するべく行動のしかたの強弱を調整するように働いているのであって、コントロールする必要がなくなれば、またもとのセットポイントに戻るのである。

心や行動への遺伝の影響は「あたりまえ」

心理検査が算出する測定値のレベルでも、日常行動のレベルでも、遺伝の影響と考えられる現象がこれだけ普遍的に表れるということは、何を意味するのだろうか。ここからが、能力の遺伝と環境をめぐるこれまでの議論では十分に問われてこなかったところだ。これまでは、知能や学力に遺伝の影響が強いと聞けばあたふたし、運動や音楽や数学の能力にも遺伝の影響があると聞けば「やっぱりね」とうなずき、収入にも犯罪にも遺伝が効いているという話には優生学の臭いを嗅ぎとって拒絶反応を示すというように、個別の能力を取り上げて、じたばたと一喜一憂するだけだったといっても過言ではない。

しかし、むしろ重要なのは、能力や非能力を含めた「心の働き」という果実は、どんな角度で切っても、そこから遺伝の果汁が滲み出てくるということである。そして、それは能力に限らず、ヒトのやることなすこと、さらにはそのヒトを取りまく環境など、個人差が生じるすべての側面に、同じように中程度に、しかし必ず有意に、表れているということだ。それは「なんちゃら能力」などと名づけられない個性的な行動のレベルでも発生するのである。

人間の心や行動に及ぼす遺伝の影響の表れは、われわれの日常の中で、あたりまえで普遍的なこと、別の言い方をすれば「地球が丸い」のと同じくらい「ありきたりな」現象なのである。

ここから、次の三つのことを類推して考えることができる。
（１）これまで認識されず測られてもいなかった能力にも、遺伝の影響がある。
（２）いかなる行動の瞬間の中にも、遺伝の影響が表れている。
（３）社会を構成する人々が発揮している能力のネットワークも、遺伝の影響を反映している。

３－２　古典的な行動遺伝学

「遺伝率」についてのよくある誤解

図３－１、図３－２に示した一卵性双生児と二卵性双生児の類似性のデータが意味することを、もう少し詳しく分析し、その意味を考えてみよう。

行動遺伝学では双生児法を用いて、関心のある形質の「遺伝率」を求めるのが一般的である。「遺伝率」という概念は、行動遺伝学の「イロハのイ」とも言うべき基本的なものだ。だが、実はそれが誤解を生みやすい。たとえば、知能の遺伝率は50％から、大きい場合には80％と見積もられることもある。それに対してパーソナリティの遺伝率は、おおむね40%程度とされる。ここから、パーソナリティより知能のほうが遺伝の影響が大きいことはわかったような気がするが、それは具体的にはいったい何を意味するのか。

まず、遺伝率とは、親から子に形質が伝達する割合ではない。「知能の遺伝率が50%」とは、親から子に知能が50%伝わるという意味ではないのである。**遺伝率とは、ある特定の社会における表現型の全分散のうち、遺伝子型の分散で説明される割合**のことである。それは、その集団における遺伝の「効果量」であり、環境の違いでは説明できない割合である。それが大きければ大きいほど、環境の変化によって変わりにくい性質である、という意味でもある。それではそもそも「分散」とは何なのだろうか。

統計の背後にある「現実」

統計学は目に見えないものを見える形にしてくれる。それは、研究者がある目的をもって意図的に設定した「母集団」という単位でおこなわれる。だが、形となって見えるのは集団単位の抽象的な数値なので、個人レベルで見られるものではない。「平均値」は最もよく使われる集団レベルの数値であり、いわば実在しない実在である。

たとえば、国際的な学力の指標として、PISA(Programme for International Student

Assessment）とよばれる国際学習到達度調査がある（表３－１）。15歳の子どもを対象に２００0年から3年ごとに行われているこのテストについて、メディアでは国別の平均値の差ばかりが報道され、日本が順位を落としたことが問題視されたりする。

２０１８年のＰＩＳＡの数学では、日本の平均値は５２８点である。これは参加国中5位で、台湾や韓国（５２７点）とほぼ同じレベルだ。上にはそれより平均値の高い国が4つあって、１位は中国（北京・上海・江蘇・浙江の４ヵ所に限る）の５９２点なので、これはかなり差をつけられたなぁと感ずる。一方、下を見ると、参加国中最下位のドミニカ共和国の３２７点をはじめ、最低ランクの国々の平均値は３００点台であり、かなり下だなぁという印象をもつかもしれない。表には示していないが、教育がうまくいっているといわれている北欧はというと、フィンランドは５０８点、スウェーデンは５０３点、ノルウェーは５０１点と、中国や日本などの東アジア諸国には及ばない。さらにイギリス、フランス、アメリカといった西側諸国を代表する国々の平均値が、それぞれ４９７点、４８７点、４７３点とさらに下回るのをみて、なんだ、たいしたことないじゃないかなどと安心してみたりする。

このようにわたしたちは統計を見るとき、しばしば集団の平均値にしか関心を寄せない。そして、そのような数値の原因となる文化的、制度的なちがいを臆測して、一喜一憂しながら反省したり自己批判したり優越感を覚えたりする。

順位	平均値	最小値	最大値	標準偏差	分散	受験人数
1 中国（北京・上海・江蘇・浙江）	592	207	864	83.37	6949.75	12058
2 シンガポール	566	190	849	94.61	8950.86	6676
3 マカオ	557	175	819	80.46	6473.84	3775
4 香港	554	179	836	92.25	8510.96	6037
5 日本	528	231	803	86.49	7480.33	6109
6 台湾（台北）	527	137	839	101.16	10234.00	7243
7 韓国	527	158	841	99.19	9839.00	6650
8 エストニア	523	210	816	80.76	6522.87	5316
9 ポーランド	517	197	814	89.65	8036.89	5625
10 スイス	517	154	827	92.08	8477.86	5822
⋮	⋮	⋮	⋮	⋮	⋮	⋮
70 レバノン	396	94	738	104.03	10822.78	5614
71 アルゼンチン	392	126	668	83.99	7054.23	11975
72 北マケドニア	391	78	716	94.47	8924.36	5569
73 ブラジル	384	116	798	85.35	7285.30	10691
74 サウジアラビア	377	89	724	79.05	6249.00	6136
75 モロッコ	368	96	657	75.80	5745.53	6814
76 コソボ	362	76	671	76.69	5880.64	5058
77 パナマ	354	113	615	75.52	5702.84	6270
78 フィリピン	352	25	652	78.13	6104.43	7233
79 ドミニカ共和国	327	86	610	69.82	4874.92	5674

表 3-1　2018 年の PISA の数学得点の国別比較
（平均点上位・下位各 10 ヵ国ずつ）

では、ＰＩＳＡで世界トップである５９２点を取った中国の人たちは、国中の全員が５９２点のレベルなのかといったら、もちろんそうではない。中国人の誰もが日本人や北欧諸国や、最低ランクのフィリピン、ドミニカ共和国の人たちより学力が高いのかといえば、それもそうではない。

実際には、それぞれの集団の中に個人差があり、ばらついている。そのことは、それぞれの国の最低点と最高点を比較するとわかる。たとえば中国は最低点の２０７点から最高点の８６４点まで、日本は２３１点（これは最低点としては世界一成績が高い）から８０３点までばらついている。そして台湾では最低点が１３７点で最高点が８３９点と、ほかの国よりばらつきが大きいことがわかる。最低ランクのフィリピンには25点という世界最低点の人もいる代わりに、最高点の人は６５２点と、中国人の平均を大きく上回る(注2)。どの集団にも、平均値では言い表せない多様な個性、さまざまな値をとっている人たちのばらつきがある。これがいかなる統計量の背後にもある現実である。

行動遺伝学は「分散」の学問である

統計学でよく用いられる、集団のばらつきを表現する統計量が「分散」と「標準偏差」である。分散は一人ひとりの測定値がその集団の平均値からどのくらい隔たっているかを二乗したものの平均、標準偏差は分散の平方根である。分散が大きいほど、平均値からのばらつきが大きいことになる。PISA2018年のデータを見ると中国の分散は6949・75、日本の分散は7480・33であるのに対して、台湾の分散は10234・00と、かなり大きいことがわかる。この個人差のばらつきは、どこからくるのだろうか。これが行動遺伝学の問いである。

行動遺伝学は、分散の学問である。この世の中にいろんな人がいる、そのばらつきの原因は何か、そこに遺伝の違いが関わっているか、関わっているとしたらどの程度関わっているのか、遺伝で説明できない要因、つまり環境の違いで説明されるのはどのくらいか、どんな環境の違いがどの程度の説明力をもつか、そんなことを探究する学問である。

基本的には表現型の分散は、遺伝による分散（Vg）と、環境による分散（Ve）からなりたっており、両者を足し合わせたものが表現型の全分散（Vp）であると考える。

$$Vp = Vg + Ve$$

分散という統計量が重要なのは、この式が表すように、分散をつくっている要因ごとに、その量を分解することが数学的に可能だということである。これは統計学では「分散分析」とよばれる最も基本的な統計的分析手法の考え方である。これによって表現型分散を遺伝分散と環境分散に分けることができるのだ。

行動遺伝学は「遺伝学」を名乗っていることからも、生物学の一分野と思われているだろう。しかし、それよりはむしろ社会疫学である。社会全体に存在する個人「差」の原因を突きとめる学問である。その社会として「人類全体」を想定すれば、普遍性のある自然科学的な真理の探究となるかもしれないが、実際には、ある特定の時と場所における、特定の社会に住む人々のばらつき具合の実態を明らかにしよう、というモチベーションから導かれている。

だからサンプリングが重要であり、筆者らも含めて、それぞれの国でできるかぎり社会集団全体の代表的なサンプルを得ようと苦心している。２０１９年に『Twin Research and Human Genetics』誌に特集された世界の双生児レジストリには、われわれのものを含めて25ヵ国61のレジストリが紹介されている。

3-3 行動遺伝学の10大発見

長年にわたる行動遺伝学研究の膨大な成果を、プロミンは以下の10点に要約した（出典1）。

(1) あらゆる行動には有意で大きな遺伝的影響がある。
(2) どんな形質も100%遺伝的ではない。
(3) 遺伝子は数多く、一つ一つの効果は小さい。
(4) 表現型の相関は遺伝要因が媒介する。
(5) 知能の遺伝率は発達とともに増加する。
(6) 年齢間の安定性は主に遺伝による。
(7) 環境にも有意な遺伝要因が関わっている。
(8) 環境と心理的形質にも遺伝的媒介がある。
(9) 環境要因のほとんどは家族で共有されない。
(10) 異常は正常である。

以下で、それぞれについて詳しくみていこう。

(1) あらゆる行動には有意で大きな遺伝的影響がある

双生児による遺伝研究は今日きわめて多岐にわたっているが、すでに繰り返し述べたように、どの形質を調べても、多かれ少なかれ遺伝の分散が見出される。この結果は、第2章の図2-3

でも示したとおり、退屈なほど一貫している。「あらゆる行動には有意で大きな遺伝的影響がある」という命題は、行動遺伝学の第一原則である。

とりわけ社会的関心の高い知能（ＩＱ）のような認知能力をはじめ、学習性のある能力の諸領域でも、またパーソナリティのような非学習性の心理的形質でも、精神病理や反社会的行動でも、およそ個人差のあるところ、必ず一卵性のほうが二卵性よりも類似しており、遺伝の影響がある。その度合いにはある程度の差異があるが、ざっと見積もれば、50％は遺伝と考えてよい。それより低い形質もあるが、尺度の測定誤差（それは非共有環境に含まれる）が大きい場合が多いので、それを除いて考えれば、やはり50％程度となる。ここで、30％なのか、70％なのかといった数値の差異は、実のところあまり大きな意味はない。それは調査サンプルの条件の違いや偶然の変動にすぎないからだ。

しばしば私たちは、知能の遺伝だけ、疾患の遺伝だけなど、特定の関心についてのみ、その遺伝の大きさをとりあげて騒ぎ立てる傾向があるが、むしろ注目すべきなのは、その普遍性と、その無視できない大きさである。近年、社会科学では科学的報告の再現性問題、つまりインパクトのある調査結果も、追試をすると同じ結果が再現されないことが多い点が問題となっている[出典2]。しかし、行動遺伝学における第一原則、つまりこの社会にあるさまざまな個人差の大部分は、その半分くらいが遺伝子の違いに由来するというエビデンスは、たくさんの調査によって繰り返し再現されていて、社会的に大きなインパクトをもたらすものである。本書ではこれ以降、このことについて論じてゆく。

ちなみに、あなたは日本語がしゃべれるが、インドネシアから来たばかりの青年は日本語がまったくわからない。この違いが遺伝による差ではなく、育った言語環境の違いであることは言うまでもない。ここで、何語であれ母国語を習得することのできる遺伝的条件があるという点で、あなたとインドネシアの青年に共通性があることも確かだが、行動遺伝学で扱うのはそのような「種としてのヒト」の共通性をもたらす遺伝ではない。また、生まれたときからヴァイオリンが家にあって練習する機会を与えられてきた人がヴァイオリンを弾けて、ヴァイオリンの現物を見たことも触ったこともない人がヴァイオリンを弾けないのも、遺伝ではなく環境の違いであるが、このように学習経験がもともと与えられていない人がいるような形質についても、行動遺伝学は研究の対象とは考えない。少しでもヴァイオリンを弾く機会が与えられたときに初めて、行動遺伝学は遺伝の差を問題として考えはじめる。

（2）どんな形質も100％遺伝的ではない

行動への遺伝の影響を明らかにする行動遺伝学のエビデンスは、同時に、行動には遺伝だけでは説明できない環境の影響が関わっていることも示してくれている。どの形質をとっても遺伝率は１００％からほど遠いということはとりもなおさず、環境要因の差も多かれ少なかれ、行動の個人差に必ず関与していることを意味する。問題はその程度である。行動遺伝学は、実は環境の効果をもっとも雄弁に示すことのできる科学なのである。

一卵性双生児はこんなに似ているという話をすると、決まって「私の知っている一卵性のふたごはパーソナリティもまったく正反対です」といった反論がくる。「一方は明るくて積極的なのに、もう一方は内気で前に出てこようとしない」などのように。

たとえばパーソナリティの遺伝率は30％から50％である。残りの50％から70％は一卵性双生児でも共有されない非共有環境の影響による。だから特定の一卵性のきょうだい二人だけを比較すれば、真逆な印象を与えるほどの差があるように感じることも珍しくはない。これは対人認知に見られる対比効果といわれるものである。

パーソナリティよりも遺伝率の大きなＩＱですら、大きな差がある一卵性のきょうだいもしばしばいる。われわれの双生児プロジェクトでも、ＩＱの差が15ポイント以上のペアは10％以上いる。なお、ＩＱすなわち知能指数は、ふつうテストの偏差値と同じように表す。ただしテストの偏差値は平均値が50、標準偏差が10になるようつくられているが、ＩＱは平均値が１００、標準偏差が15になるようにつくられている。双生児きょうだい間でその得点差が15点ということは、標準偏差一つ分の隔たりがあることを意味し、これはかなり大きな差である。遺伝子がすべて等しい一卵性双生児でもこれだけの差が生まれるのは、遺伝によらない、なんらかの環境の違いの結果であると行動遺伝学では考える。

そうなると、それだけ大きな差を生み出す非共有環境を具体的に突きとめ、そこから教育や社会的サポートをすることができれば、心の機能の改善と発達に資するはずだと誰もが考えるだろう。これについては**(9)環境要因のほとんどは家族で共有されない**で論ずる。

(3)遺伝子は数多く、一つ一つの効果は小さい

遺伝の影響がある以上、具体的にどの遺伝子の影響かを特定できなければならない。遺伝率をただ算出するだけの古典的な双生児法にもとづく行動遺伝学に批判の目が向けられがちだった要因のひとつは、具体的な遺伝子の特定をすることなしに、一卵性が二卵性より似ているという、いわば「状況証拠」だけで知能やパーソナリティなどに対する遺伝の影響に言及することへの疑念だったといえるだろう。それは行動遺伝学自身も自覚していたことであり、だから分子生物学的な分析手法、とくに全ゲノム関連解析GWASが使えるようになると、さっそく、遺伝子探しに乗り出した。この経緯は第1章で触れたとおりであり、次の第4章でより詳細に紹介するが、たとえば知能や学歴に関連すると報告されたSNPは、現時点で3900ヵ所を超えている。それらのSNPの効果をすべて足し合わせてIQの全体のばらつきを説明する割合、つまりSNP

遺伝率は、大きく見積もって16％程度である。これは、一つ一つのＳＮＰの寄与率はものすごく小さいということを意味する。実際、１つのＳＮＰが説明する割合は０・０２％くらいである。

複数の遺伝子が関与する遺伝様式を、ポリジーンとよぶことは第1章で述べた。血液型や血友病や髪の色、耳垢が乾性か粘性かなどは単一の遺伝子によるもので、メジャージーン、あるいは主遺伝子とよぶが、認知能力やパーソナリティのような心理的形質はもとより、身長や体重、風邪などの罹患《りかん》率といった複雑な形質は、基本的にポリジーンである。つまり知能にしてもパーソナリティにしても、膨大な箇所にある遺伝子たちが、それぞれに機能を発揮したトータルとして、心が働いていることを意味する。

知能のような心理的形質の個人差に４０００ヵ所近くもの塩基の違いがあるとすると、その一つ一つがどのような機能を持つのか、その相互の関係はどのようになっているのかを解明することは、個々の効果量の小ささを考えると、少なくとも現時点では不可能といってよい複雑さである。分子生物学の手法はたしかに具体的で精緻なアプローチはできるが、その全体像を把握し、それらの遺伝子群がどのような機能を果たしているかを理解するには、やはり双生児による量的、統計的分析が有効である。

（4）表現型の相関は遺伝要因が媒介している

前章で、知能は一因子性をもつが、パーソナリティは多因子からなっていることを述べた。言語、空間、記憶、推論などさまざまな要素から成り立つ知能が一因子性をみせるのは、遺伝要因にそもそもそのような一因子構造があるからなのか、それとも、環境要因が一因子的だからなのか。つまり、知能にかかわる数百とも数千ともつかない膨大な遺伝子たち（ポリジーン）が、全体として連携して一つに機能しているから一因子性をみせるのか、それとも一つ一つの遺伝子たちはてんでんばらばらに働いているが、知能を発揮すべき環境のほうが一因子的だからなのか、どちらなのだろうか。たとえてみれば、チーム全体がお互いの動きを察知しながら一丸となってプレーしているオールワンチームなのか、それとも、ある一つの製品やサービスを提供しなければならないという目的のもと、各部署が営業、企画、生産、販売とそれぞれ独立の仕事に特化集中して働いている大企業のようなものなのか。そういうことも、行動遺伝学では明らかにすることができる。

たとえば、図2－10では言語性知能と空間性知能の間に0・5程度の相関があることを紹介した。図3－3には、双生児きょうだいの類似性を表す相関係数が、左上のグラフでは言語性知能について、また右下のグラフでは空間性知能について示されている。言語性では一卵性が0・5

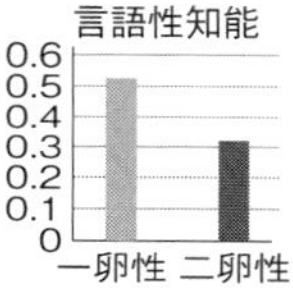

		きょうだい1			
		言語性		空間性	
		一卵性	二卵性	一卵性	二卵性
きょうだい2	言語性	0.519	0.319		
	空間性	0.382	0.174	0.611	0.309

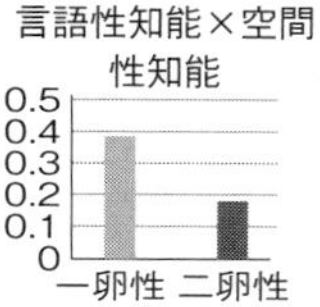

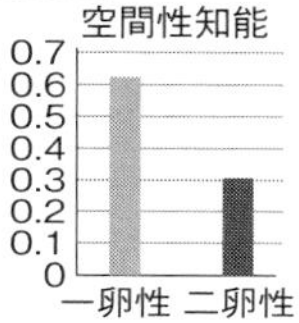

図 3-3　言語性知能と空間性知能の双生児クロス相関

19、二卵性が0・319であり、空間性では一卵性が0・611、二卵性が0・309であり、いずれも一卵性が二卵性を大きく上回っているので、遺伝の影響がそれぞれにあることがはっきり示唆される。

ここで注目してほしいのが、左下のグラフである。これは双生児きょうだいの一方の言語性知能の得点と、もう一方の空間性知能の得点の相関をとったもので、「クロス相関」という。もしもこの言語性知能と空間性知能の間の相関が、遺伝によるものであれば、一卵性のほうが二卵性よりもクロス相関の値は大きくなるはずである。共有環境、つまり家庭環境のちがいによるなら、一卵性と二卵性のクロス相関の値は同じくらいになるだろう。非共有環境によるもので、たとえば言語

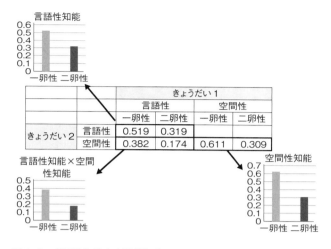

性と空間性の課題の与えられ方が一人一人異なっていたとしたら、クロス相関の値はどちらもゼロに近くなるはずだ。

実際は、一卵性が0・382、二卵性が0・174と、ほぼ2：1の関係にあることから、言語性知能と空間性知能の相関もまた、遺伝によって媒介されていることがわかる。

このデータから、単に言語性知能と空間性知能が遺伝によって媒介されているというだけでなく、それらの遺伝には共通の遺伝要因があること、つまり一因性が示唆される。では、それだけでこの相関がすべて説明できるのか、それとも、それぞれに独自の遺伝要因もあるのか、そして環境要因はどのようにこれらの知能にかかわっているのか、といったことを、よりはっきりと描く手法が「多変量遺伝解析」である。その結果だけを示すと、図3－4のようになる。

これが言語性知能と空間性知能を媒介する共通の遺伝要因の、どちらの知能にも寄与しているA1が共通の遺伝要因、同じくE1が共通の非共有環境要因である。空間性知能への寄与率である。図中にAで表記されているのが遺伝要因、Eが非共有環境要因で分析の結果から共有環境の影響はないことがわかったので、描かれていない。この図から、空間性知能では、共通の遺伝要因A1からの寄与が23％あり、それとは別に空間性知能に独自のA2という遺伝要因からの寄与38％も加わって、61％が空間性知能の遺伝率ということがわかる。

この分析では共通の非共有環境要因も、わずか3％ではあるが媒介していることが示されてい

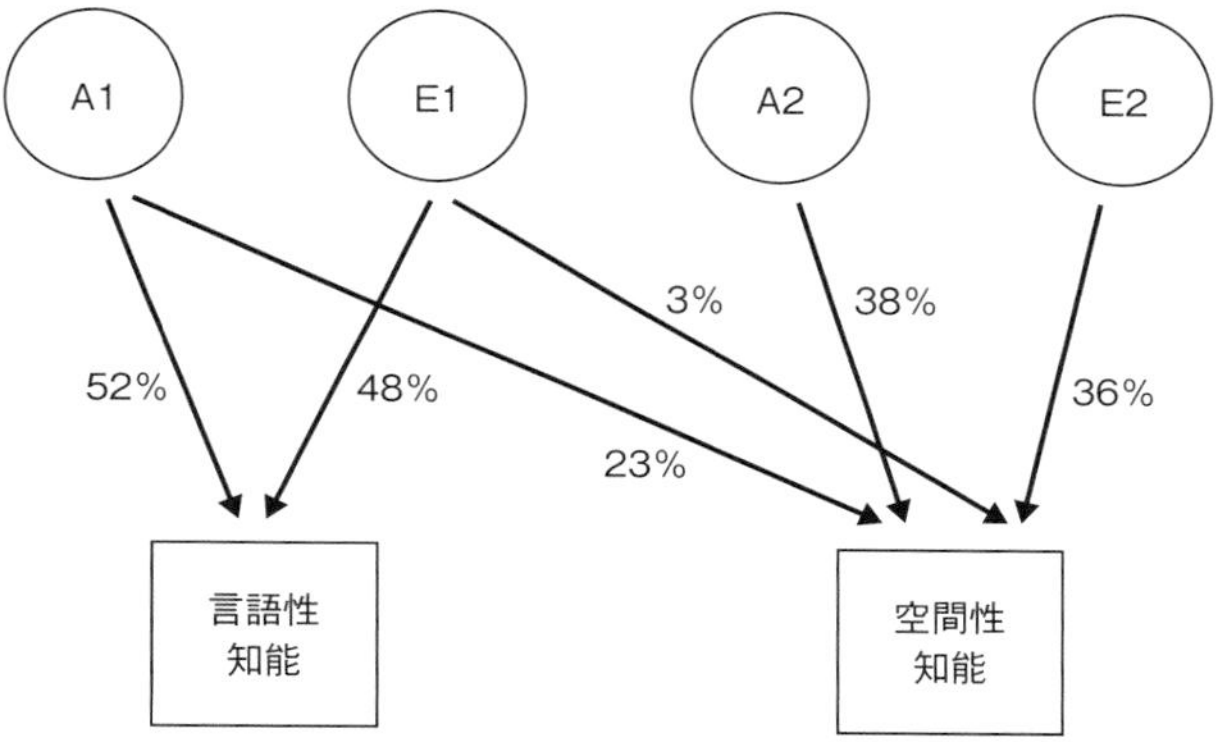

図 3-4　言語性知能と空間性知能の間の遺伝と環境の関係

る。言語性知能と空間性知能の相関は、およそ0・5程度であることはわかっていた。これはこの間にその2乗である約25%が共通していることを意味する。それが遺伝による23%と非共有環境による3%に分けて説明されることが、この分析から示されたのである。これが「表現型の相関は遺伝要因が媒介している」ということである。

このような多変量遺伝解析の手法をさらにたくさんの知能の因子について検討してみると、知能の一因子性が環境要因ではなく、遺伝要因によって媒介されていることが示される。

プロミンの研究チームは、12歳における知能(g)、読み能力、数学、言語能力を、それぞれに複数の下位検査項目を設けて測定し、その能力間の遺伝要因と環境要因の関係について、多変量遺伝解析を用いて検討した(出典3)。その結果が図3-5である。

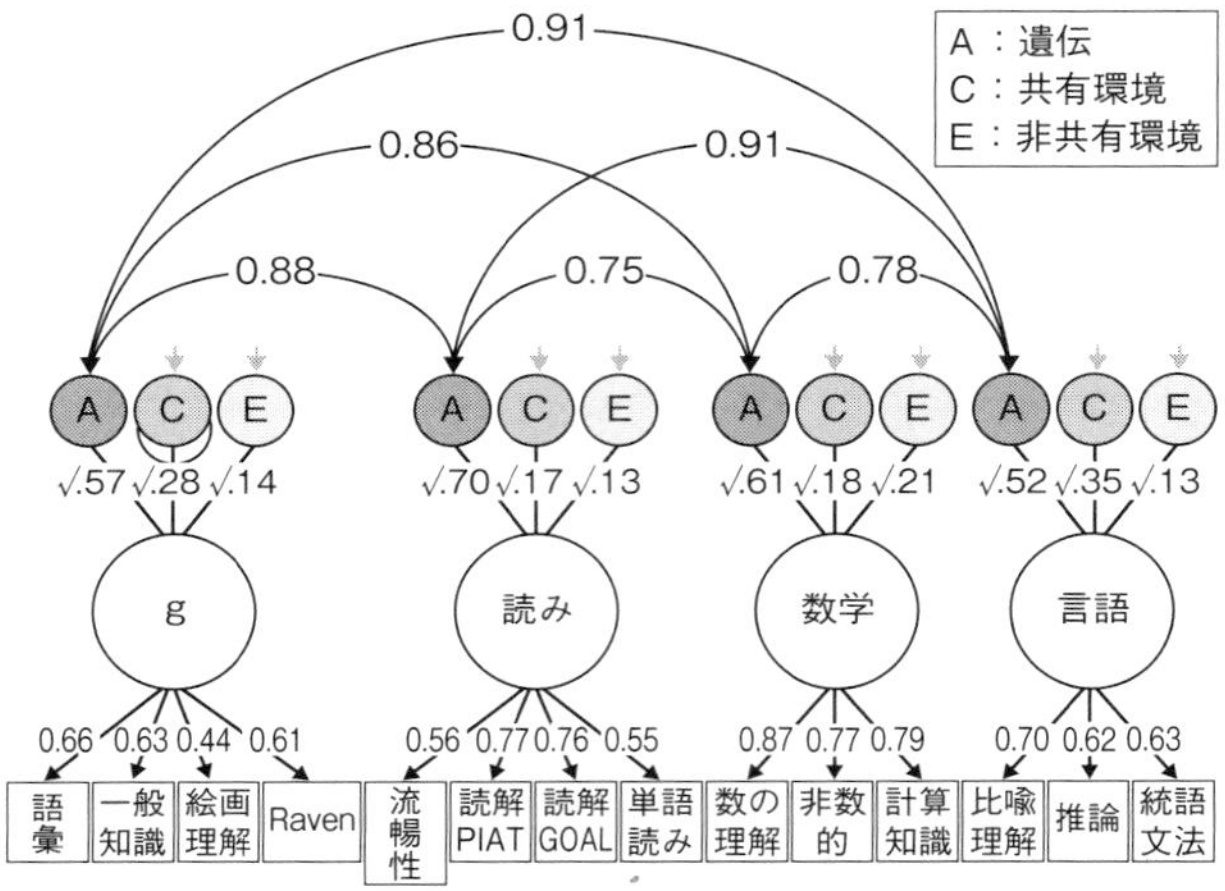

図 3-5　さまざまな認知能力の間の遺伝と環境の相関（Davis, Haworth & Plomin.（2009））.

この図から、さまざまな種類の認知能力の間には高い相関があるが、その相関を主として媒介しているのは遺伝要因（A）であり、その遺伝相関は0・7から0・9と高いこと、そして、なかでも高い相関を示し、その中心にあるのが知能（g）であることがわかる。つまり知能は、どんな情報を扱っているかにかかわらず、一般的な能力として、遺伝的に機能していることが読みとれる。スピアマンがかつて客観的に証明した、一般知能という一因子の正体は、単一な環境ではなく、まさにこの一般的遺伝子群が生み出していたのである。プロミンらはこれを「ジェネラリスト遺伝子」と呼んだ。

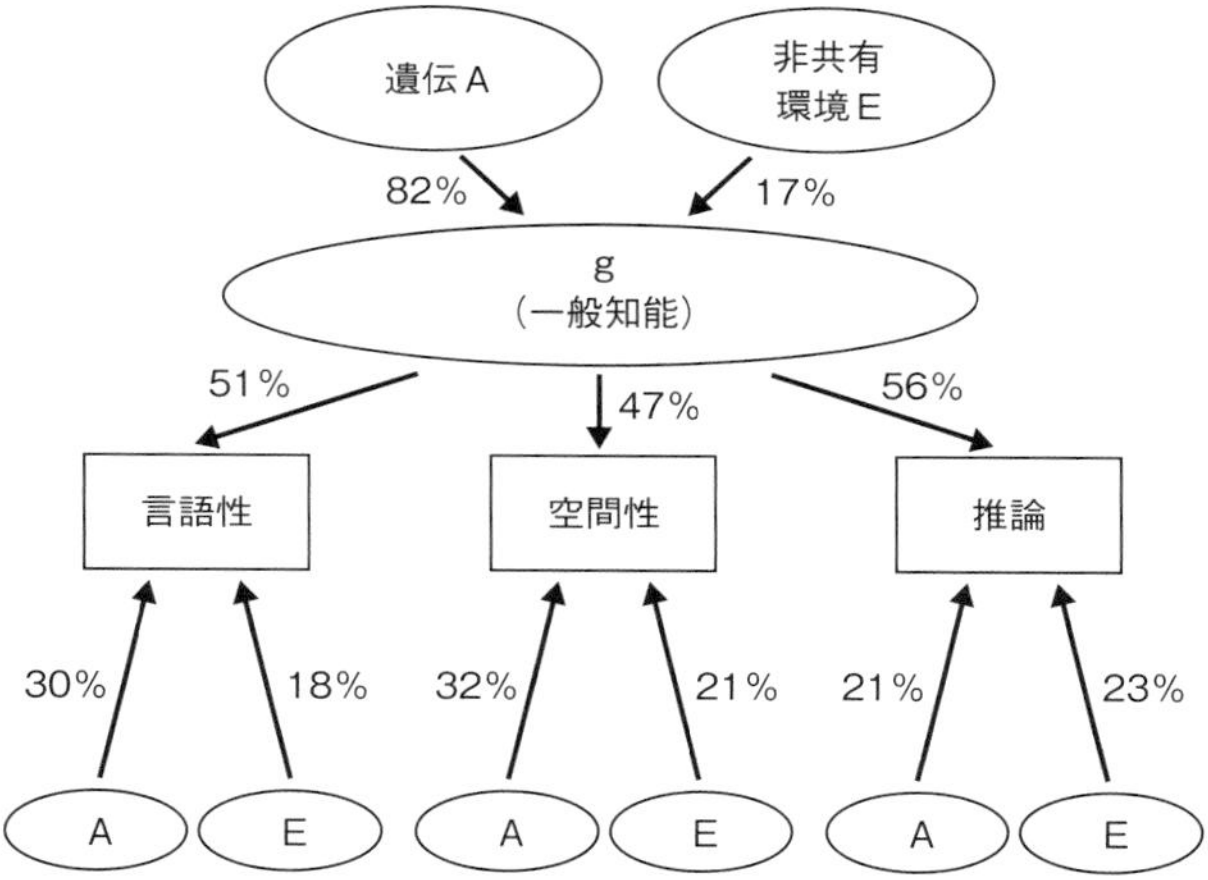

図 3-6　言語性知能、空間性知能、推論能力の遺伝と非共有環境の関係（Shikishima et al.（2008）Intelligence,7,947-953 を改変）

同様の結果を、私たち日本の双生児研究でも示している（出典4）。これまで紹介してきた京大NX15知能検査の測定する言語性知能と空間性知能に加えて、純粋な三段論法による推論をさせる能力測定テストを開発して、同じ双生児の人たちに実施し、多変量遺伝解析をすると、図3-6のようになる。これはとくに一般知能因子gを、言語性知能、空間性知能、推論能力の上位に置いたモデルとして描き出したもので、gの遺伝率は82%にも及ぶ。これが、それぞれの知能の因子に共通して機能しているのである。

一方で、パーソナリティは一因子性を示さず多因子であるとされているが、その遺伝・環境構造はどのようになっているのだろうか。山形らは、国際標準となっている「ビッグ・ファイブ」とよばれる5つのパーソナリティ因子を測定する検査NEO-PI-Rのデータを、カナダとドイツと日本の3ヵ国から入手し、多変量遺伝解析の中でも遺伝因子分析という手法で解析し、結果を比較した出典5。NEO-PI-Rは神経質、外向性、開放性、調和性、誠実性の5つのパーソナリティの領域ごとに5つの側面（ファセット）が、全部で25ファセット用意されている。遺伝因子分析とはこの全25ファセットの間の相関関係を最もうまく説明できる潜在因子を抽出する手法で、それぞれの潜在因子ごとに25ファセットがどの程度の重みづけで関わっているかを、遺伝と環境に分けて推定してくれる。

まず、遺伝側の因子構造の結果（表3－2）を見ると、どの国もほぼきれいにファセットは5つの想定された因子に対応する形で、高い因子負荷量（各因子に対する重みづけ）が並んでいることがわかる。

一方で、非共有環境側の因子構造（表3－3）は、やはりおおむね5因子の構造はもっているが、遺伝因子構造ほど明確ではなく、一つのファセットが複数の因子に重複してかかっているのも散見される。そして、それぞれの結果が3ヵ国でほぼ等しい。たしかに用いられている検査項目は、内容としてはほぼ同一になるようにつくられているとはいえ、それぞれにニュアンスをともなうこうした心理概念は、文化が違えば多少は異なる意味が付与されるはずである。にもかかわらず、これだけ共通の構造が見出され、しかもそれが遺伝構造のほうをより強く反映してい

	ファセット	第1因子（神経質）			第2因子（外向性）			第3因子（開放性）			第4因子（調和性）			第5因子（誠実性）		
		C	G	J	C	G	J	C	G	J	C	G	J	C	G	J
神経質	不安	**.87**	**.87**	**.83**	−.15	−.08	−.18	.00	.04	.03	−.05	.03	.07	−.06	−.03	−.14
	敵意	**.86**	**.76**	**.56**	−.01	.02	−.15	−.02	.06	−.11	−.32	**−.41**	**−.60**	−.19	.01	−.31
	抑うつ	**.82**	**.90**	**.83**	−.27	−.17	−.16	−.01	.05	.04	.12	.05	−.14	−.27	−.16	−.25
	自意識	**.76**	**.75**	**.82**	−.36	−.21	−.19	−.04	−.13	.01	.12	.12	−.08	−.19	−.27	−.16
	衝動性	**.45**	.37	**.51**	.35	**.46**	.21	.08	.29	.15	−.27	−.20	−.22	**−.53**	−.33	**−.52**
	傷つきやすさ	**.76**	**.85**	**.71**	−.28	−.13	−.11	−.08	.03	−.20	−.07	.05	.08	−.37	−.34	**−.57**
外向性	温かさ	−.39	−.23	−.16	**.70**	**.67**	**.76**	.22	.23	.19	.13	**.45**	.24	.21	.13	.19
	群居性	−.32	−.18	−.13	**.53**	**.75**	**.75**	.01	−.05	−.18	−.23	.11	.28	−.05	.02	.10
	断行性	**−.43**	−.35	−.19	**.45**	**.55**	**.50**	.23	.25	.11	−.38	−.26	**−.44**	.30	.38	.39
	活動性	−.15	−.10	−.06	**.55**	**.52**	**.61**	.23	.18	.07	−.18	−.18	−.30	**.48**	**.53**	**.54**
	刺激希求性	−.13	−.01	−.06	**.60**	**.56**	**.69**	.01	.03	.05	−.13	−.27	−.23	−.25	−.16	−.07
	よい感情	−.36	−.31	−.15	**.77**	**.65**	**.83**	.35	.35	.14	.06	.16	.04	.10	.16	.01
開放性	空想	.06	.10	−.03	.08	.20	.06	**.71**	**.68**	**.66**	.05	−.13	−.22	−.17	−.27	−.20
	審美性	.04	.11	.20	.10	−.03	.04	**.78**	**.77**	**.67**	.15	.14	.12	.15	.07	.02
	感情	.31	.20	.07	.38	.21	.31	**.66**	**.77**	**.76**	−.01	.07	−.05	.17	.02	.25
	行為	−.32	−.29	−.31	.20	.31	**.41**	**.65**	**.43**	.37	−.04	.00	.07	−.06	−.18	−.07
	アイデア	.01	−.13	−.01	.01	.10	−.07	**.81**	**.71**	**.79**	−.03	−.12	−.14	.12	.11	.19
	価値	−.25	−.14	−.26	−.03	.01	.09	**.59**	**.54**	**.62**	−.05	−.02	.17	−.11	−.29	−.02
調和性	信頼	**−.59**	−.39	−.29	.34	.39	**.48**	.19	.14	.16	**.49**	**.51**	**.60**	−.04	−.02	.12
	実直さ	−.08	−.01	−.05	−.10	−.33	−.07	−.01	−.11	−.13	**.78**	**.65**	**.70**	.27	.01	.10
	利他性	−.23	−.14	.02	.39	.21	**.49**	.11	.08	.24	**.57**	**.82**	**.44**	**.47**	.12	**.46**
	応諾	−.31	−.08	−.06	−.31	−.09	.05	−.01	−.11	−.02	**.65**	**.82**	**.81**	.03	−.12	−.03
	慎み深さ	.24	.32	**.41**	−.17	−.25	−.27	−.22	−.24	−.22	**.58**	**.65**	**.45**	.00	−.09	**−.42**
	優しさ	−.02	.31	.33	.06	.17	.37	.36	.28	.29	**.65**	**.62**	**.45**	.03	−.03	−.07
誠実性	コンピテンス	**−.48**	**−.53**	−.38	.22	.15	.09	.14	.12	.22	.05	−.07	−.09	**.69**	**.70**	**.82**
	秩序	.05	−.12	−.03	−.02	−.08	.09	−.05	−.23	.00	.04	−.06	.02	**.77**	**.80**	**.84**
	良心性	−.13	−.09	−.30	−.04	−.10	.05	−.07	−.20	.05	.17	.17	.12	**.81**	**.79**	**.68**
	達成追求	−.11	.01	−.15	.15	.12	.35	.18	.18	.13	−.03	−.11	−.09	**.81**	**.81**	**.80**
	自己鍛錬	−.27	−.35	−.26	.19	−.06	.10	−.10	−.16	−.02	.22	.03	.04	**.73**	**.78**	**.91**
	慎重さ	−.16	−.09	−.02	−.39	**−.53**	−.25	−.05	−.34	−.19	.02	.16	.26	**.74**	**.45**	**.83**

表 3-2　パーソナリティ（ビッグ・ファイブ）の遺伝因子分析の国際比較（C はカナダ、G はドイツ、J は日本）
因子負荷量が 0.4 以上のものは太字で示した

	ファセット	第1因子（神経質） C	G	J	第2因子（外向性） C	G	J	第3因子（開放性） C	G	J	第4因子（調和性） C	G	J	第5因子（誠実性） C	G	J
神経質	不安	**.74**	**.74**	**.72**	−.05	−.05	−.14	.05	.04	.09	.05	−.03	−.06	−.03	−.01	.05
	敵意	**.49**	**.56**	**.40**	.37	.34	**.40**	−.08	−.01	−.05	−.39	−.18	**−.50**	−.05	−.12	−.01
	抑うつ	**.75**	**.74**	**.77**	−.09	−.06	−.11	.04	.08	.03	−.17	−.18	−.11	−.22	−.16	−.10
	自意識	**.64**	**.59**	**.66**	−.17	−.14	−.22	.06	.00	.06	−.13	−.17	−.03	−.13	−.04	.09
	衝動性	**.42**	.19	**.43**	.16	**.40**	.32	.07	.13	.14	.00	.25	−.09	−.35	−.23	−.29
	傷つきやすさ	**.57**	**.73**	**.71**	−.22	−.12	−.15	−.03	−.06	−.10	−.05	−.05	−.12	−.36	−.28	−.25
外向性	温かさ	−.06	−.17	−.13	.02	.14	.33	.06	.17	.19	**.73**	**.64**	**.70**	.01	.07	.03
	群居性	−.10	−.15	−.06	.22	.19	**.49**	−.09	−.01	−.07	**.57**	**.49**	**.42**	−.06	−.13	−.01
	断行性	−.13	−.34	−.23	**.59**	**.49**	**.55**	.09	.12	.01	.06	.12	.05	.19	.10	.03
	活動性	−.04	−.13	−.20	**.55**	**.44**	**.56**	.04	.05	.06	.16	.30	.07	.22	.22	.20
	刺激希求性	−.01	−.11	−.08	.37	.37	**.44**	.25	.10	.27	.07	.15	.12	−.22	−.06	−.10
	よい感情	−.16	−.30	−.18	.18	.27	**.47**	.23	.31	.28	**.56**	**.45**	**.46**	.07	−.03	−.07
開放性	空想	.08	.04	.14	.09	.12	−.04	.39	**.49**	**.50**	.05	.13	.08	**−.40**	−.18	−.20
	審美性	.11	.03	−.01	.07	.02	.15	**.60**	**.65**	**.56**	−.02	.22	.23	−.05	.06	.03
	感情	.22	.12	.09	.10	.16	.24	**.54**	**.60**	**.41**	.23	.31	.34	.03	.11	.21
	行為	−.08	−.26	−.09	.12	.24	.14	.22	.26	.04	.18	.18	.01	−.26	−.08	−.10
	アイデア	−.14	−.10	−.05	.08	.11	.05	**.61**	**.54**	**.51**	−.12	.02	−.03	.03	.23	.23
	価値	−.14	−.04	−.08	−.05	.02	.05	.15	.10	.19	.14	.17	.30	−.17	.04	.04
調和性	信頼	−.22	−.17	−.18	−.18	−.10	.03	−.06	.10	.08	**.40**	**.50**	**.71**	.07	.07	.11
	実直さ	−.01	−.01	.06	**−.43**	**−.47**	−.31	−.14	−.07	−.15	.29	.09	**.44**	.28	.06	.12
	利他性	−.04	−.04	−.13	−.31	−.34	−.06	.06	.14	.05	**.62**	**.50**	**.70**	.17	.18	.17
	応諾	−.06	−.12	−.06	**−.56**	**−.51**	**−.55**	.05	.02	−.03	**.41**	.27	**.44**	.10	−.01	−.09
	慎み深さ	.11	.12	.39	**−.51**	**−.41**	−.37	−.12	−.10	−.12	.18	.03	.09	−.02	−.11	−.13
	優しさ	.12	.05	.14	−.13	−.12	.08	−.01	.27	.11	**.43**	**.41**	**.50**	−.07	−.04	−.01
誠実性	コンピテンス	−.32	−.27	**−.41**	.13	.17	.25	.18	.14	.15	.08	.16	.09	**.63**	**.52**	**.56**
	秩序	−.02	.03	.09	.11	−.04	.01	−.15	.01	−.03	−.02	−.10	−.03	**.51**	**.60**	**.57**
	良心性	−.10	−.12	−.10	−.05	−.18	−.05	−.01	.01	.00	.17	.16	.18	**.62**	**.58**	**.52**
	達成追求	−.12	−.04	−.04	.36	.21	.28	.18	.09	.10	−.01	.07	.06	**.55**	**.67**	**.61**
	自己鍛錬	−.30	−.23	−.33	.16	−.01	.04	−.05	−.04	.01	.03	.07	.15	**.68**	**.69**	**.59**
	慎重さ	−.16	.01	.04	−.27	−.36	−.22	−.05	.01	.03	.02	−.17	−.02	**.59**	**.43**	**.53**

表3-3　パーソナリティ（ビッグ・ファイブ）の非共有環境因子分析の国際比較（Cはカナダ、Gはドイツ、Jは日本）
因子負荷量が0.4以上のものは太字で示した

るということは、パーソナリティの5因子構造が遺伝的な普遍性にもとづいていることを示唆している。

また、知能やパーソナリティだけでなく、精神病理に見られる不安とうつ、高所恐怖、広場恐怖などさまざまな様態を示す恐怖などが一般に併存する傾向の多い理由は、背後に共通の遺伝要因が媒介しているからであることも示されている。

（5）知能の遺伝率は発達とともに増加する

遺伝の影響は生まれたばかりのときと、成長してからと、どちらのほうが大きいのだろうか。直観的には、生まれたばかりのほうが遺伝の影響がストレートにあらわれ、成長するにつれてさまざまな環境下でさまざまな経験をするので、環境の影響が大きくなり、遺伝率は少なくなると思うかもしれない。

しかし知能に関するかぎり、実際はその逆なのである。第2章の図2－1では、知能（ＩＱ）については、西欧圏で発表されたＩＱの双生児相関を報告した論文のデータを集約したものが描かれている（出典6）。これをみると、児童期、青年期、成人期初期と進むにつれて、一卵性双生児と二卵性双生児の相関の差が大きくなっていることがわかるだろう。それを反映して図2－3では、この相関から算出される知能についての遺伝の説明率が、児童期、青年期、成人期初期と進

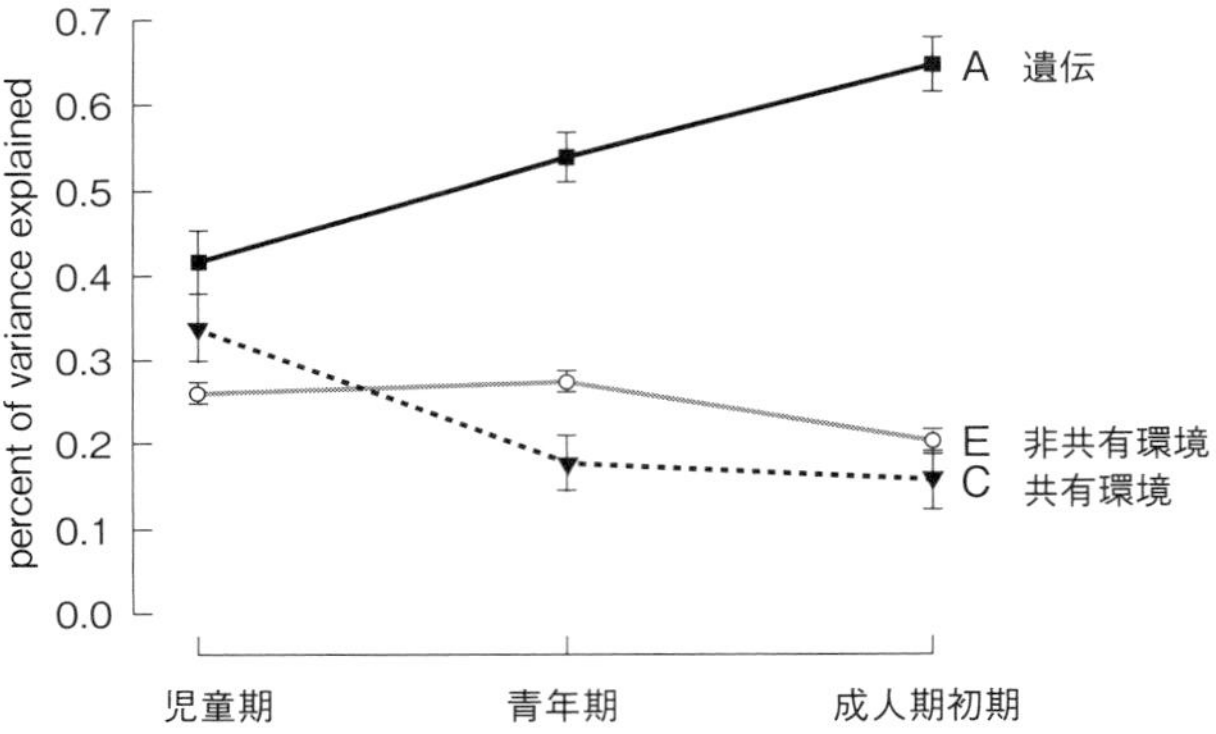

図 3-7　知能におよぼす遺伝と環境の寄与率の、児童期から成人期初期までの発達的変化 (Haworth et al (2010))

むにつれて増加することが読みとれる。知能におよぼす遺伝と環境の割合が発達によってどう変化するかを図示すると、図3－7のようになる。

このように児童から成人となる成長期に、さまざまな教育環境や社会経験にさらされ、知識や技能が増えるにしたがって、環境の差の影響が大きくなるのではなく、遺伝的な特徴が顕在化するのである。この時期を学習期と考えると、人間は環境に左右されて受動的に学習しているのではなく、みずからの遺伝的資質にしたがって能動的に学習を進め、遺伝的な「自分」になろうとしているかのようである。

このような能動性は、最近提唱されている、「学習の臓器」である脳はそもそも環境刺激を受動的に処理しているのではなく、外界の世界を予測しながら環境に対して能動的に知覚し、認知

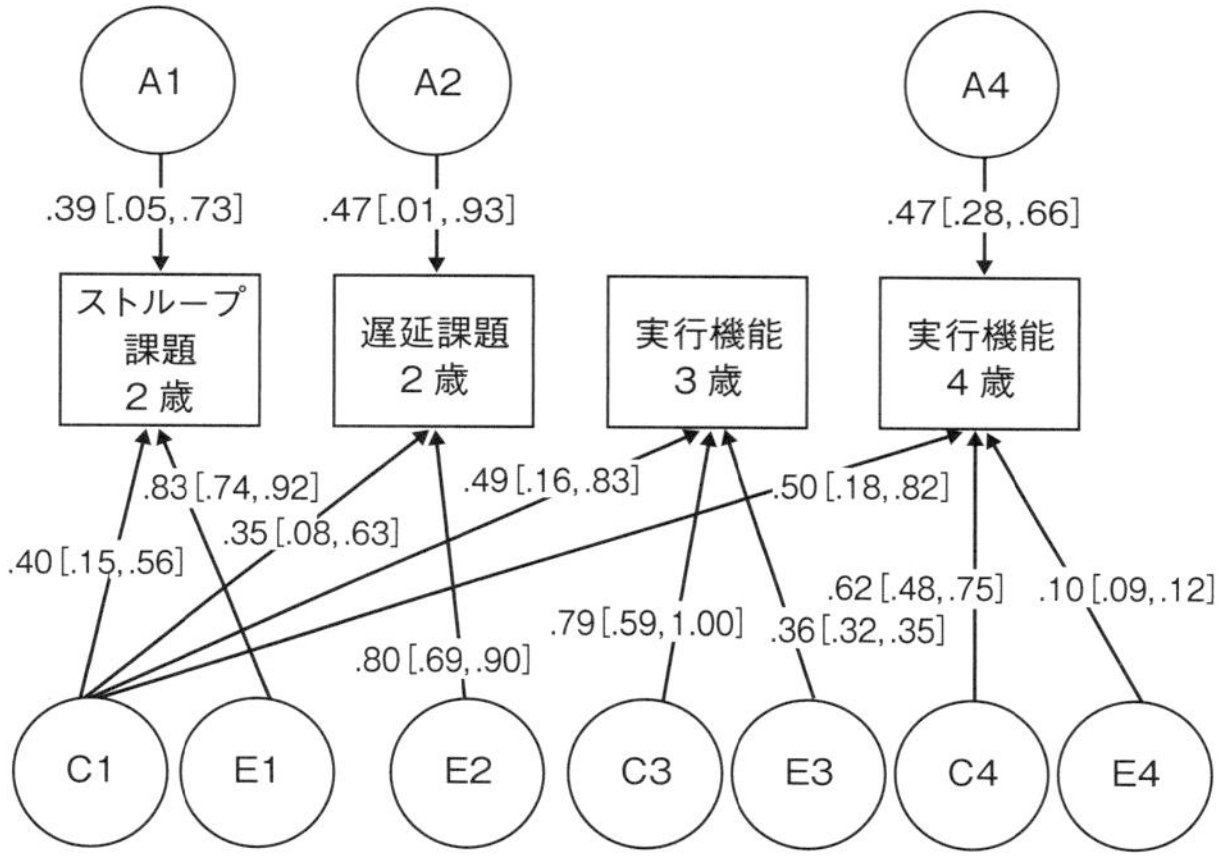

図 3-8　２歳のときにはなかった遺伝要因が４歳のときに発現した

し、欲求を抱き、行動しているという最近の脳活動モデルとも合致する。

　幼児期から児童期にかけて、遺伝の影響が新たに発現してその寄与率を増す傾向にあるという結果は、われわれのふたごプロジェクトからも得られている（出典7）。われわれは数百組の双生児を対象に、個別に家庭訪問調査や来校調査をお願いして、３００組ほどの認知能力に関するデータを２歳、３歳、４歳ととらせていただいた。その多変量遺伝解析を行って、遺伝の発現の変化を追うと図３-８のようになり、２歳のときにはなかった遺伝要因が４歳のときに発現したことがわかる。

　これは「遺伝的イノベーション（革新）」とよばれ、この時期の遺伝率の増加の原因の一つと考えられている。この遺伝的イノベー

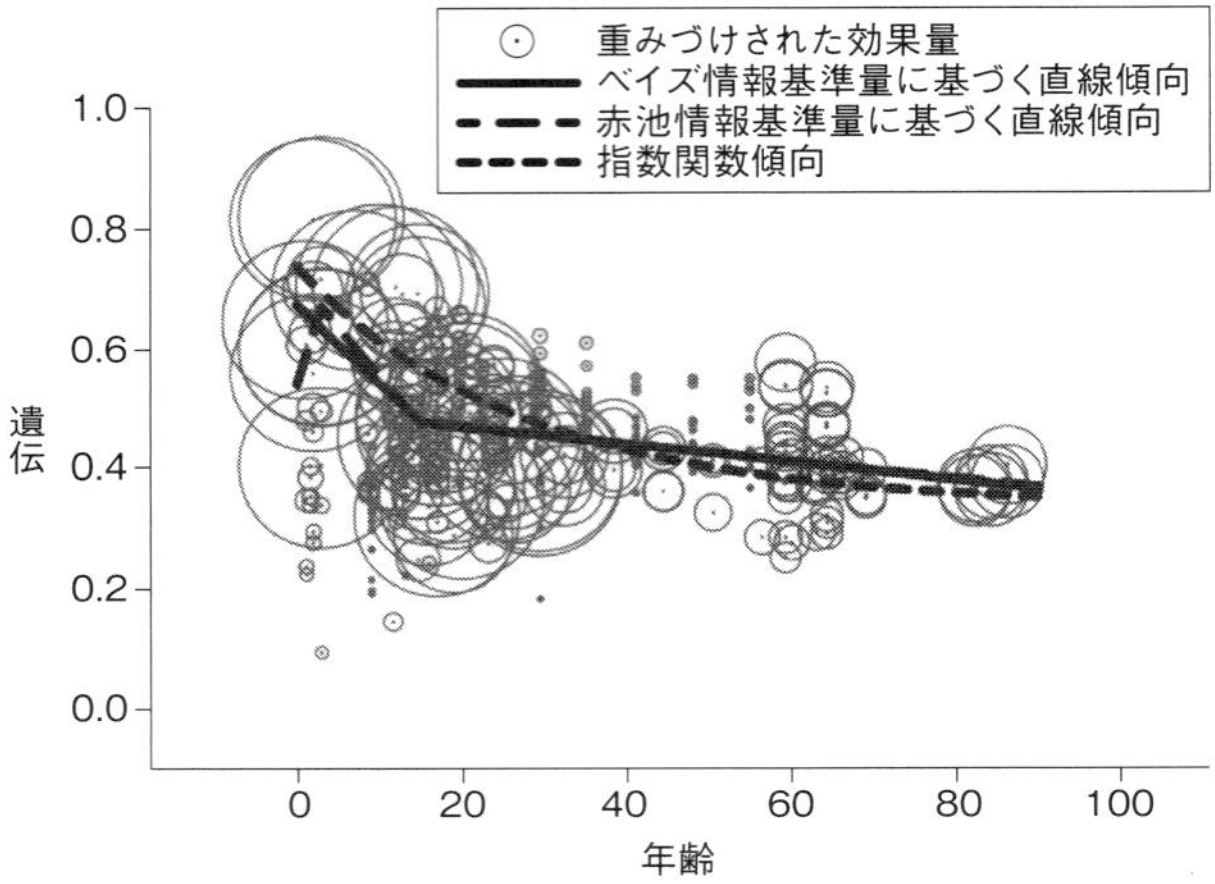

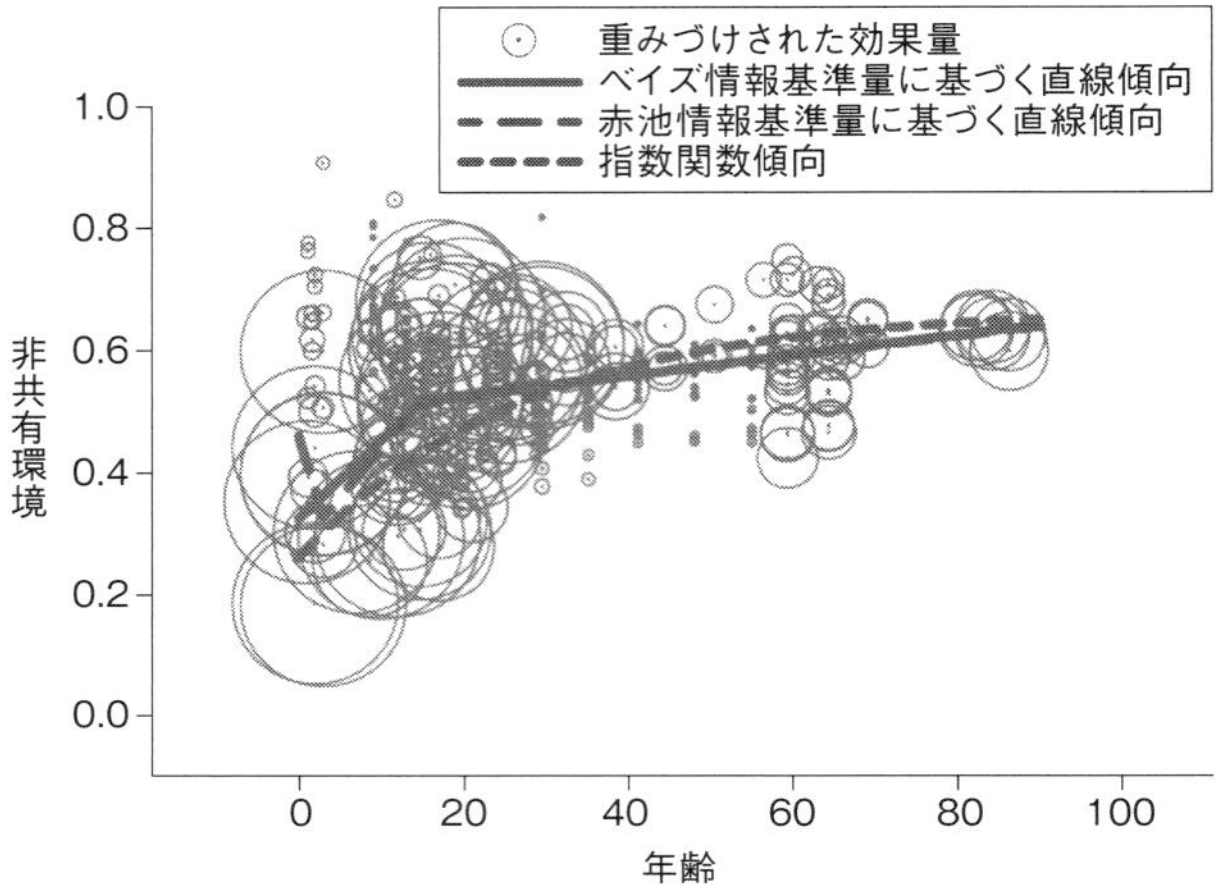

図 3-9　パーソナリティへの遺伝と環境の寄与率の発達変化

(Briley, D.A., & Tucker-Drob, E.M. (2014))

ションが、新たな遺伝子が発現したからなのか、それとも、もともと発現していた遺伝子が、この時期の劇的な環境変化に対応して、より顕著に使われるようになったからなのかはわからない。いずれにせよ、脳の発達が目覚ましいこの時期に、あまり早期から「この子の素質はこの程度」と（よい意味でもよくない意味でも）見極めたつもりになってはならないだろう。

ただし、この遺伝率の増加という現象は、青年期から成人期初期にかけての問題行動や社会的態度にも見出されている。また、パーソナリティでは遺伝率の増加は見られない（出典8）（図３－９）。

（６）年齢間の安定性は主に遺伝による

学校を卒業して何年もたってから同窓会が開かれ、むかし親しかった友人と再会する。はじめは体形や髪の毛や顔のしわの変化をみて、その時間の長さを強く感ずるものだ。ところがしばらく昔話に花を咲かせると、醸し出される人柄や話し方の特徴や考え方のクセなどが、昔とほとんど変わっていないことに気づき、やっぱりおまえだなあ、変わってないなあと懐かしく微笑みあう。同窓会あるあるである。

このように外見が変わっても、パーソナリティや思考パターンは変わらない安定性をもっているのは、この間にその人の生活環境が変わらなかったとか、変わりばえのしない人生経験の連続だったから、といったこともあるかもしれないが、遺伝による影響が強いことも確かである。

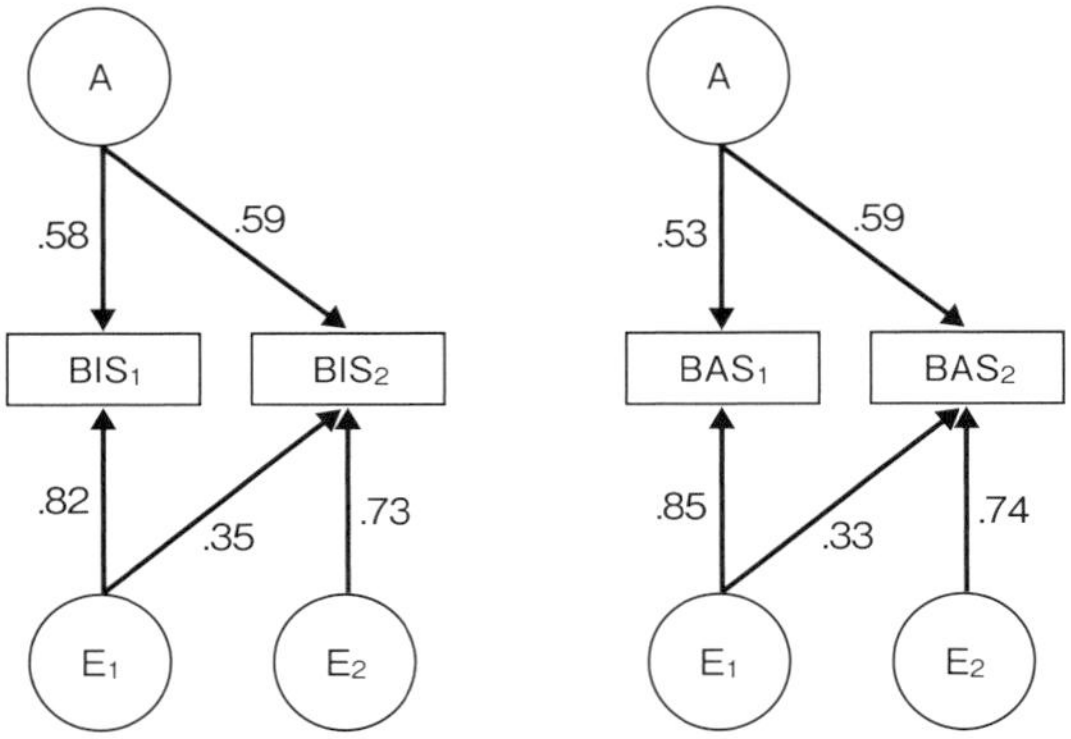

図3-10　行動抑制傾向（BIS）と行動活性傾向（BAS）の2時点間の遺伝（A）と非共有環境（E）の寄与

安定性への遺伝要因の寄与は0.59、非共有環境の寄与は0.35と0.33
(Takahashi, Y., Yamagata, S., Kijima, N., Shigemasu, K., Ono, Y., Ando, J. (2007))

たとえばわれわれの双生児研究チームで、行動抑制傾向（ＢＩＳ）と行動活性傾向（ＢＡＳ）というパーソナリティ特性を、平均23歳と平均25歳の2時点で測定し、その変化と安定性に及ぼす遺伝と非共有環境の影響を調べたところ、図3-10のようになった（出典9）。ここで1時点目（ＢＩＳ1とＢＡＳ1にかかるＡやＥ1）から2時点目（ＢＩＳ2とＢＡＳ2）に斜めに引かれた矢印が、遺伝、非共有環境それぞれの2時点間の安定性に寄与している重みで、遺伝要因についてはＢＩＳ、ＢＡＳとも0・59であり、これは非共有環境の0・35（ＢＩＳの場合）と0・33（ＢＡＳの場合）よりも大きい。そして1時点目と2時点目に

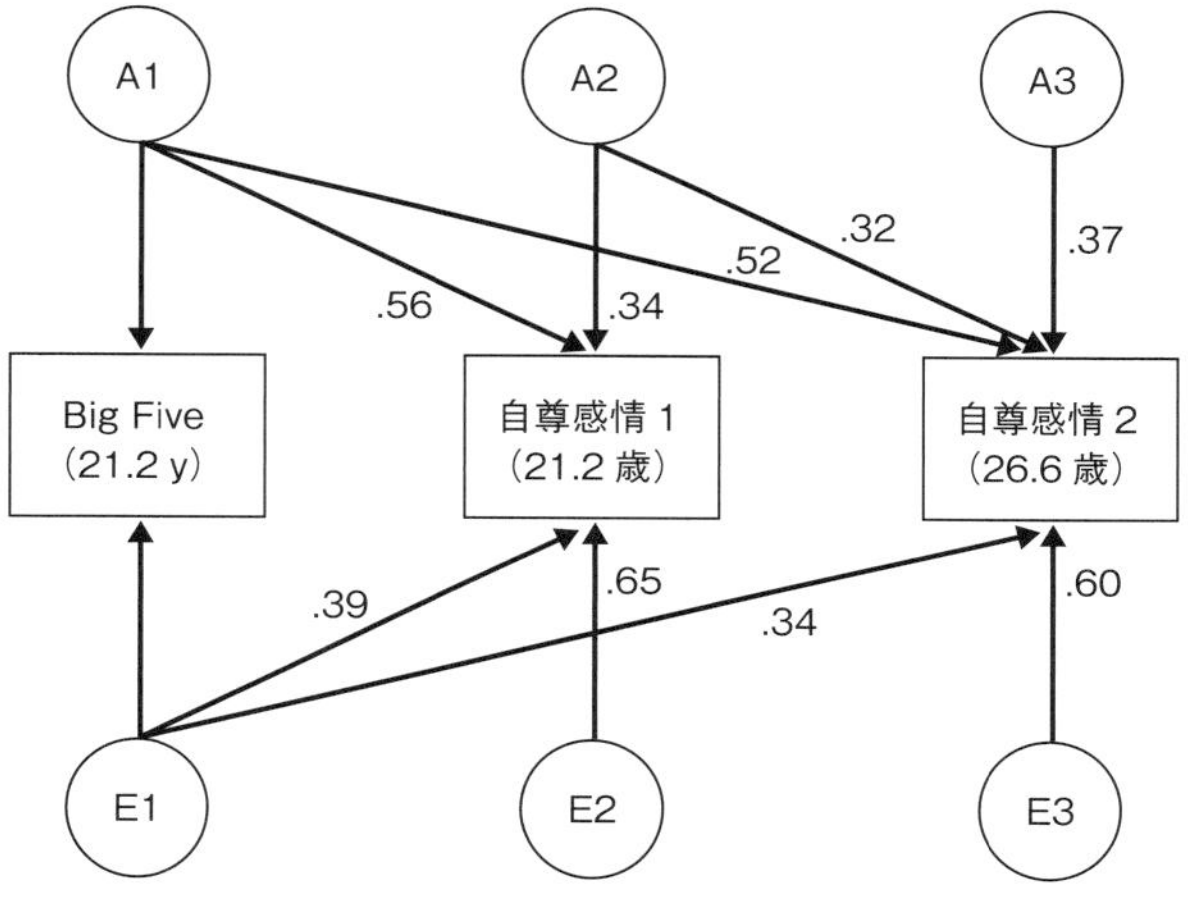

図3-11　自尊感情の発達に及ぼすパーソナリティの影響と、安定性と変化に及ぼす遺伝と環境の影響（Shikishima et al.（2018）を改変）

それぞれ垂直に刺さっている矢印は、その時点のみにかかわっているもので、とくに2時点目にこれがあると、時点間に変化をもたらしたことを意味するが、これについては非共有環境にしか見られない。つまりこの2時点間の安定性については主に遺伝が、また変化についてはそれぞれの時点で受けた非共有環境が、それぞれの要因となっていることを示唆している。

　また、われわれは自尊感情を平均21歳時点と平均27歳時点の2時点で縦断的に測定し、その変化と安定性に及ぼす遺伝と環境の影響を調べた（図3-11）。すると、同じように遺伝要因により大きな安定性への寄与が見出されたが、さらに2時点目には、非共有環境だけでなく遺伝による新しい寄与も見出された。つまり、この間の自尊感情に新しい遺伝要因の発現が見られたのだ（図3−11のA3からの矢印）。

一般にパーソナリティや自尊感情のような非能力、すなわち学習性ではない形質では、とくに青年期以降はこのような遺伝的イノベーションは見られないのがふつうである。もし見られるとすると、よほど大きな環境の変化がこのサンプルをとった社会全体に起こったと推察されるのだが、実はこの研究で測定した2時点の間に、東日本大震災があったのだ。この未曽有の経験によって、ある人は自尊感情を一気に喪失し、またある人は逆にこれまでに感じなかった自尊感情を覚えたかもしれない。この結果がそのせいであるかどうかはわからないが、可能性としてはありうることである。

また、この研究では21歳時点でのビッグ・ファイブのパーソナリティも測定しており、それとの関連も同時に見てみたところ、自尊感情に見られる遺伝的安定性の多くは、自尊感情それ自体の安定性以上に、パーソナリティからくる安定性であることが示された（出典10）。

テュッカー・ドロブとブリリーは、これまでに発表された双生児や養子の縦断研究（同一の対象者に対して2時点以上の測定値を得て、その変化や安定性を調べる研究）のデータをメタ分析し、知能とパーソナリティが年齢を経ても示す安定性に、遺伝と環境がどの程度寄与しているのかを推定している。知能に関しては図3−12（出典11）、パーソナリティに関しては図3−13（出典12）がそ

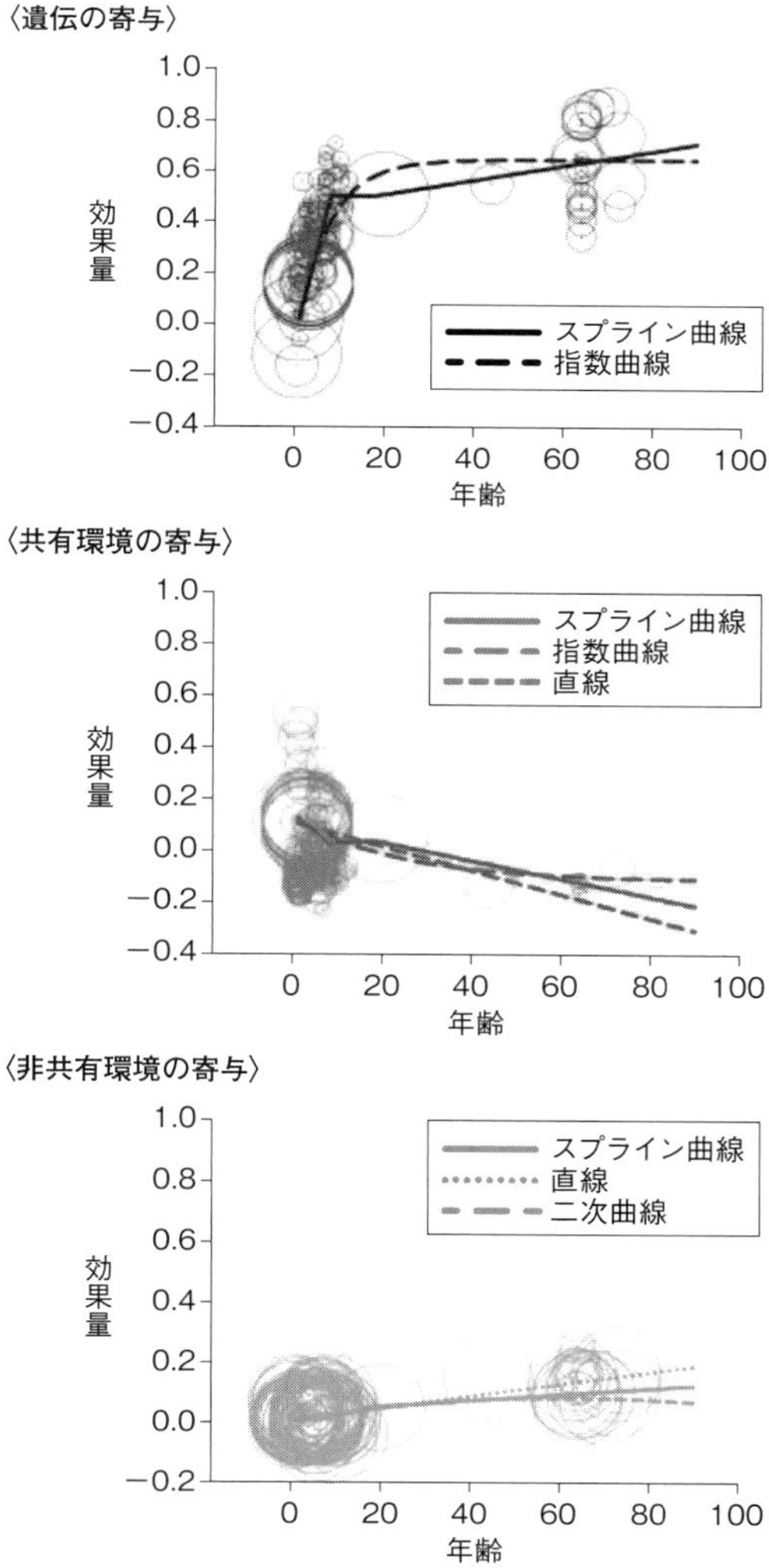

図 3-12　知能の安定性への遺伝・共有環境・非共有環境の寄与率

(Tucker-Drob, E. M., & Briley, D.A. (2014))

れである。図中に描かれた各円は、その中心が一つ一つの縦断研究から得られた遺伝、共有環境、非共有環境の寄与率の推定値、円の大きさはその推定値の効果量の大きさを示している。図中に引かれた線は、推定値の推移全体の傾向に当てはまりのよい曲線を一次関数、指数関数、スパイン関数といった関数に当てはめて引いたものである。

まず、知能においてもパーソナリティにおいても幼児期は、安定性に対する寄与は遺伝・環境ともに低いことがわかる。このころはそもそも知能もパーソナリティも不安定なのだ。だが、児童期を越すと安定性が高まり、とくに知能では遺伝による寄与率が高くなって、それ自体が60％程度で安定している。それに対して共有環境や非共有環境はいずれも20％以下で、とくに共有環境は青年期以降、減少の一途をたどり、家庭環境の影響には持続性はないことが示唆される。一方、パーソナリティでは遺伝による寄与はおおむね40％程度ではあるが、非共有環境が20％から30％であることと比べると相対的には高い。

遺伝的資源があるということの強みは、それを生まれてから死ぬまで、四六時中片時も手放すことなく常に携帯しているということである。環境はそうはいかない。いま影響を受けているその環境も、そこから離れたらなくなってしまう。あなたが生まれた土地、いま住んでいる街から受ける影響も、引っ越しをしたら、近所に新しい駅や巨大ホームセンターができたら、災害に見舞われたら、ガラッと変わってしまう。会社でする仕事もそのタスクによって変わるし、クビに

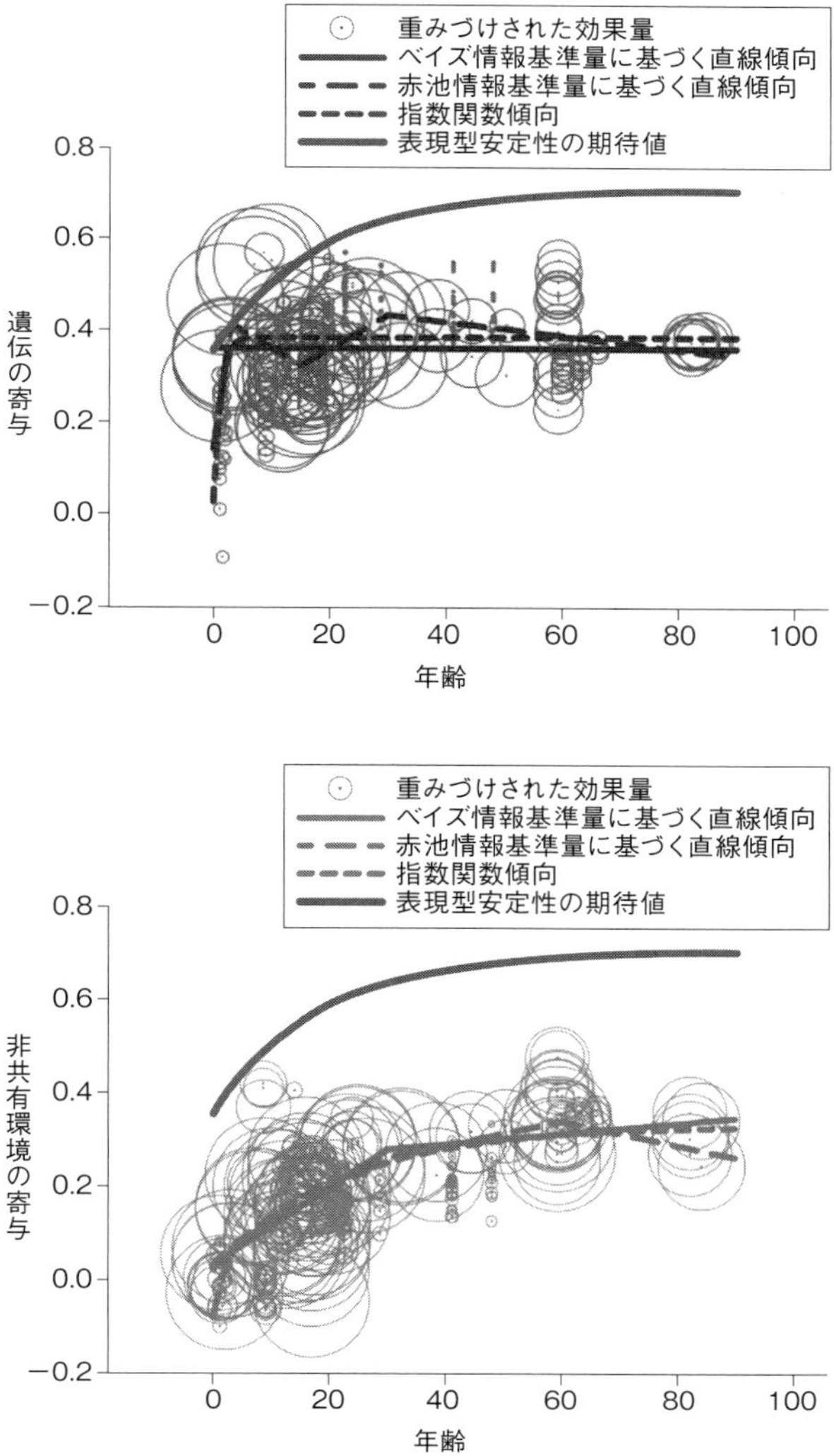

図 3-13　パーソナリティの安定性への遺伝・共有環境・非共有環境の寄与率（Tucker-Drob, E. M., & Briley, D.A.（2014））

なったり倒産したりすればそれまでだ。あなたが住んでいる街、勤めている会社、通っている学校での人間関係は、あなたがそこにいる間だけのものである。そして行動遺伝学が明らかにしてきたのは、環境の影響のほとんどが、そのときかぎり、その場かぎりで、影響の持続性は相対的に少ないということである。

しかし遺伝の影響は、あなたが生きているかぎり、あなた自身の内で常に安定して働いている。遺伝の影響に時間的な安定性があるということは、あなたがいま発現させている遺伝的傾向性が、おそらくこの先、生涯を通じて発現しつづける可能性があるということだ。そう聞くと、ともすれば「遺伝によって将来が決められている」と悲観的になる。しかしそうではない。いま発現させている何らかの能力が、他の能力と組み合わさることによって、さらにあなた自身によって増幅され、あなたの中での一貫性をもった成長の核となる可能性があるということなのだ。ほんのちょっとしたこだわり、好み、くせ、得意なこと、不得意なことや欠点と思われることすら、長い生涯の中では自分の「持ち味」となるように、あなたがみずからを学びなおしていく手がかりとなる可能性があるということなのだ。

(7) 環境にも有意な遺伝要因が関わっている

環境も遺伝だというと、詭弁《きべん》だと非難されそうだが、これも行動遺伝学が見出した重要な発見の一つである。つまり、人が人と出会い、環境をつくりだすときには、その人の行動がかかわっている。だから、そこに遺伝の影響が反映されるということである。

ケンドラーとベイカーが２００７年に、環境の指標に対する遺伝率研究のメタ分析(出典13)を行ったところ、ストレスフルな生活イベント、子どもから報告された育児環境、親が報告した育児環境、家族環境、社会的サポート、仲間との相互作用、および結婚の質という7つのカテゴリーの55の研究から、押しなべて15％から35％程度の遺伝率があることが示された。子どもや親の報告だけでは本当に環境に遺伝の影響があるのか、それともその環境にある親や子どものパーソナリティなどが反映されているのか区別できないが、ビデオテープ観察のような客観的評定でも有意な遺伝率が算出されたことから、実際につくり出される環境に遺伝の影響が反映されることがわかった。

子どもの養育のしかたは文化によって差がある。一般に西欧では、子どもを親に従わせてしつけようという大人中心の傾向があるが、日本では、子どもの立場に立って寄り添って育てる子ども中心の傾向があるといわれる。そうだとすると、子どもから見たときの親から与えられる養育環境は、西欧では親みずからのつくり出す共有環境の影響を、また日本では子どもが親からどのような養育環境を引き出すかについて遺伝の影響をより強く受ける傾向があると予想されるだろう。

敷島らは日本とスウェーデンの養育態度として「情愛深さ」（よく微笑みかけてくれる、優しい声で話しかけてくれる、など）、「行動的統制」（好きなことをさせてくれた、できるかぎり自由にさせてくれた、など）、「心理的統制」（過保護だった、私のことを子ども扱いすることが多かった、など）の3つの側面について、子どもが父親と母親からそれぞれどの程度、関わってもらっているかを調べ、その遺伝率を算出した出典14。その結果は図3－14のように、おおむね予想通りに、情愛深さと行動的統制については、相対的に日本では遺伝要因が、スウェーデンでは共有環境要因が、個人差に大きく影響していた。逆に心理的統制では、日本のほうが遺伝の影響が少なく、共有環境のほうが大きかった。

なお図3－14はこれまでの図とは異なり、グラフの縦の長さもまちまちである。これは日本とスウェーデンでまったく同じ調査項目を同じ評定方法で用いたので、その数値を直接比較することができ、遺伝と環境の相対的な比率ではなく絶対値としての比率（絶対比率）でも比較することができたからである。

（8）環境と心理的形質にも遺伝的媒介がある

子どもはしばしば聞きわけがなかったり、すぐ癇癪《かんしゃく》を起こしたり、あるいはすぐうそをつくなど、親としてはこれはなんとかしなければと思わされるような問題行動を起こすことがある。

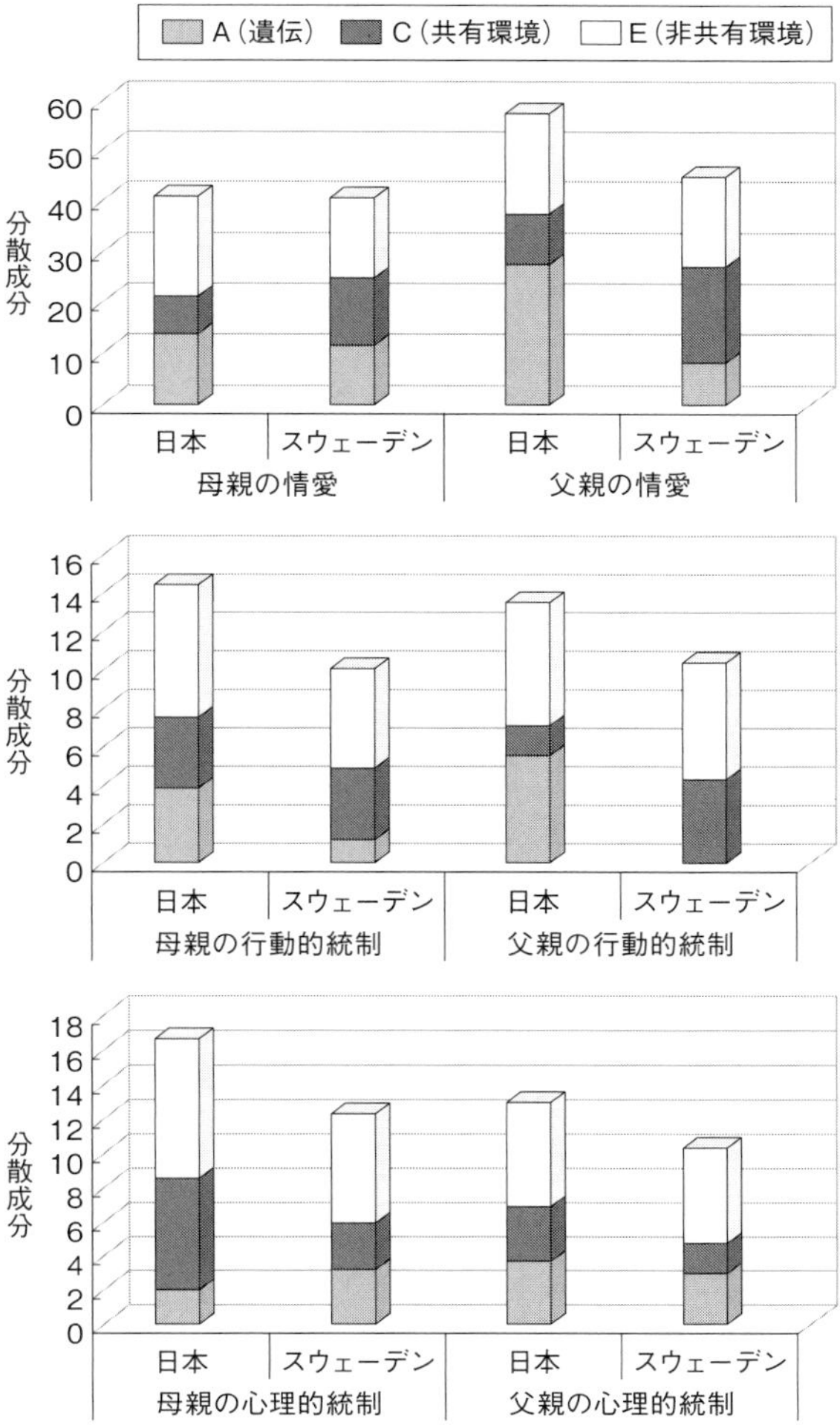

図 3-14　親の養育行動に及ぼす、遺伝と環境の寄与率の国際比較
(Shikishima, C., Hiraishi, K., Yamagata, S., Neiderhiser, J. M., & Ando, J. (2012))

そんなとき、優しく言って聞かせて言うことを聞いてくれればよいが、そうでないとつい口うるさく怒鳴ったり、ぶったりたたいたりとネガティヴな養育行動に出ることも少なくないだろう。前節で示したように、子どもにとっての親の環境は、純粋に親の行動を受け身で浴びるだけでなく、子ども自身の行動も反映しているので、どちらがどちらの原因となっているのかはっきりしない。とくに子どもにもともと多動傾向があって親の言うとおりにならない場合、つい子どもの気持ちを受けとめる前に手が出てしまったりする。すると子どもはその親の養育行動に反応して、さらに問題行動を増幅させてしまうかもしれない。

このように親の養育行動の子どもへの影響が、子ども自身のもともとの行動によって変わることを示した研究の結果が図3－15である(出典15)。

やや複雑な図で恐縮だが、ここには子どもの注意多動性（ADHD）傾向が高いか低いかによって、親のネガティヴな養育行動と子どもの問題行動の関係を遺伝と環境が媒介する程度が変わってくることが描かれている。両者の因果関係を遺伝が媒介している程度がα、共有環境による媒介がγ、非共有環境による媒介がεである。それぞれの上部に注意多動性傾向の高群と低群での重みづけが併記されており、そのなかの共有環境のところで両群間に差が見出された。すなわち高群のほうが低群よりも、ネガティヴな養育行動と子どもの問題行動の関係が共有環境で説明される割合が大きい。

最適モデル	α：高群＝低群		γ：高群＞低群		ε：高群＝低群	
ADHD 傾向	高群	低群	高群	低群	高群	低群
推定値	1.09	1.09	0.78	0.36_{NS}	0.60	0.60

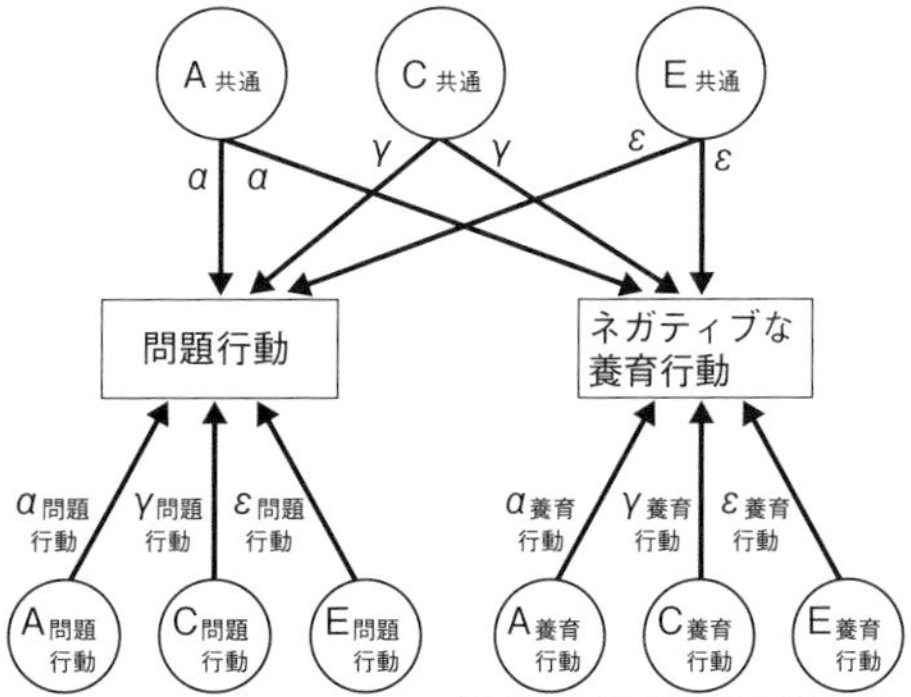

最適モデル	α：高群＜低群		γ：高群＝低群		ε：高群＝低群	
問題行動傾向	高群	低群	高群	低群	高群	低群
推定値	0.15_{NS}	0.88	0.21_{NS}	0.21_{NS}	0.50	0.50

最適モデル	α：高群＜低群		γ：高群＝低群		ε：高群＞低群	
ネガティブな養育行動	高群	低群	高群	低群	高群	低群
推定値	0.20_{NS}	0.92	0.00_{NS}	0.00_{NS}	0.81	0.54

図3-15　子どもの問題行動と親のネガティヴな養育行動の関係を媒介する遺伝と環境
(Fujisawa, K. K., Yamagata, S., Ozaki, K., & Ando, J. (2012))

(9) 環境要因のほとんどは家族で共有されない

同じ家庭で育ったきょうだいがなぜこんなに似ていないことが多いのか。その理由の一つは、第1章でも説明したように、きょうだいが遺伝子を半分しか共有しておらず、そのことが想像以上に、きょうだい間に大きな差異を生むことがあるからだ。しかし双生児研究、とくに一卵性双生児の差の研究は、遺伝要因にそのようなばらつきがあることを考慮してもなお、きょうだいや親子のパーソナリティには大きな差があることを示した。それが非共有環境からくる差である。

非共有環境とは、ただ単に同じ家庭で生活する人どうしで異なるだけでなく、同じ人の中でも時と場合で異なる特殊な要因である。これは基本的には予測することも統制することもできない偶然要因であるといえる。それがパーソナリティでは集団全体の分散のおよそ50%を、ほかの形質でも10~30%くらいを説明する。

この非共有環境の成分には、そもそも測定に用いられたテストや評定にともなう誤差も含まれる。知能検査では5%程度、パーソナリティ検査では10~20%は誤差が含まれるから、実質的にはこの予測不能な環境の影響はもう少し小さい。

その小さい中で、それでもどんな環境なら予測できるか、そしてコントロールできる非共有環境かを調べる研究もなされた。その結果わかったことは、まさに遺伝子と同じく、ひとつひとつの効果がとても小さく、かろうじて説明力のある変数を全部足しても、非共有環境全体の寄与率を説明するには到底及ばないということだった。

（10）異常は正常である

これも「環境は遺伝だ」というのと同じくらい、レトリカルな言い方ではあるが、行動遺伝学がもたらした重要な知見である。

通常、「異常」とは「正常」の範囲では説明のつかない、ノーマルからかけ離れたものという意味で受けとめられ、だからこそ「アブノーマル（ノーマルならざるもの）」とよばれる。見えないものにおびえたり、意味のわからない言葉を一人でつぶやいたり叫んだりするところを見ると、自分たちには理解がおよばない、社会から逸脱した人と思えてしまうだろう。

それでは、そのように人を特殊たらしめる特別な遺伝子があるのか。たとえば自殺ばかりが心に浮かんでしまう強いうつ傾向の人は、いわゆる「うつ遺伝子」という特別な遺伝子をもっているのだろうか。

もしそうならば、うつの人たちだけがもつ遺伝子を探しだせばよいわけだが、うつの人のグループと健常な人たちのグループのＳＮＰを比較しても、うつの人だけがもつ特別な変異型は見つからない。一方、健常者であっても、いつもふさぎがちな人はいるし、肉親が亡くなったり大き

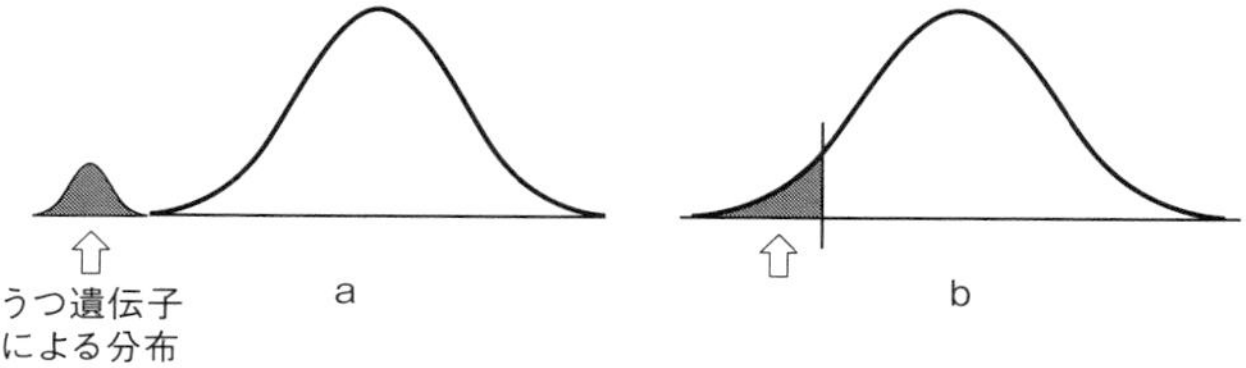

図 3-16　うつ病の遺伝的素質
単独遺伝子モデル（a）とディメンション・モデル（b）

な災害で財産がすべて失われたり、恋人から突然ふられたりといった特別な状況下では、ふだん健康な心を持った人でもうつ気味になる。すると、そのようなうつ傾向の極端な形として、うつ病という状態があるのだろうか。

それを調べる方法として、行動遺伝学ではDF極値法という手法が考案された。これは行動遺伝学の草分け的存在であるディフリースとフルカーという二人の研究者がつくった方法で、集団の分布の端のほうにいる人（これが極値だ）のデータだけが一卵性きょうだいと二卵性きょうだいから得られているとき、もし特殊な遺伝子があるとすれば、一卵性なら同じ遺伝子を持つが、二卵性ではそれを持たない可能性が高い。しかしこれが身長や知能と同じようにポリジーン（複数の遺伝子）によるもので、偶然その組み合わせが小さいだけであれば、ポリジーンで予想されるように、二卵性のきょうだいの値は一卵性の半分程度になるはずだ。

これを用いて調べると、うつの人が持つ特殊な遺伝子を見出すことはできなかった（図3－16）。つまり、うつ病の遺伝的素質は、「うつ遺伝子」がもたらすもの（図3－16のa）ではなく、普通の人も持つうつ傾向がとくに高いもの（図3－16のb）と考えられるのだ。

われわれはその普通の人のうつ傾向が、さらに「うつ傾向」としてあるのではなく、一般的なパーソナリティの組み合わせ（この研究ではビッグ・ファイブではなくクロニンジャーという研究者が開発した「新奇性追求（NS）」「損害回避（HA）」「報酬依存（RD）」「固執（P）」という4つの気質因子を用いた）で説明できることを示した（図3－17）出典16。ここではうつ傾向（HADS－D）に直接かかる遺伝要因をなくし、うつ傾向の遺伝要因がこれらのパーソナリティの組み合わせとして、特殊な非共有環境のもとであらわれてきている現象であるというモデルが、データを最もよく説明したことを示している。

このように疾患や障害とみなされているものが、実は正常な形質の連続体であると理解したほうがよいものとしては、ほかにも、たとえばディスレクシア（読字障害）や自閉症が示唆されている。読字障害は普通の言語能力の極値、自閉症は自閉症スペクトラム症候群とよばれるように、普通の社会認知能力の極値と考えられる。

このことは、アブノーマルもノーマルの一部であることを意味するといえるだろう。第1章でも説明したように、これらの心理的形質はポリジーンの遺伝様式をもち、きわめてたくさんの遺伝子が関与している。だから、それらがメンデルの独立の法則に従って、健常な両親から子ども

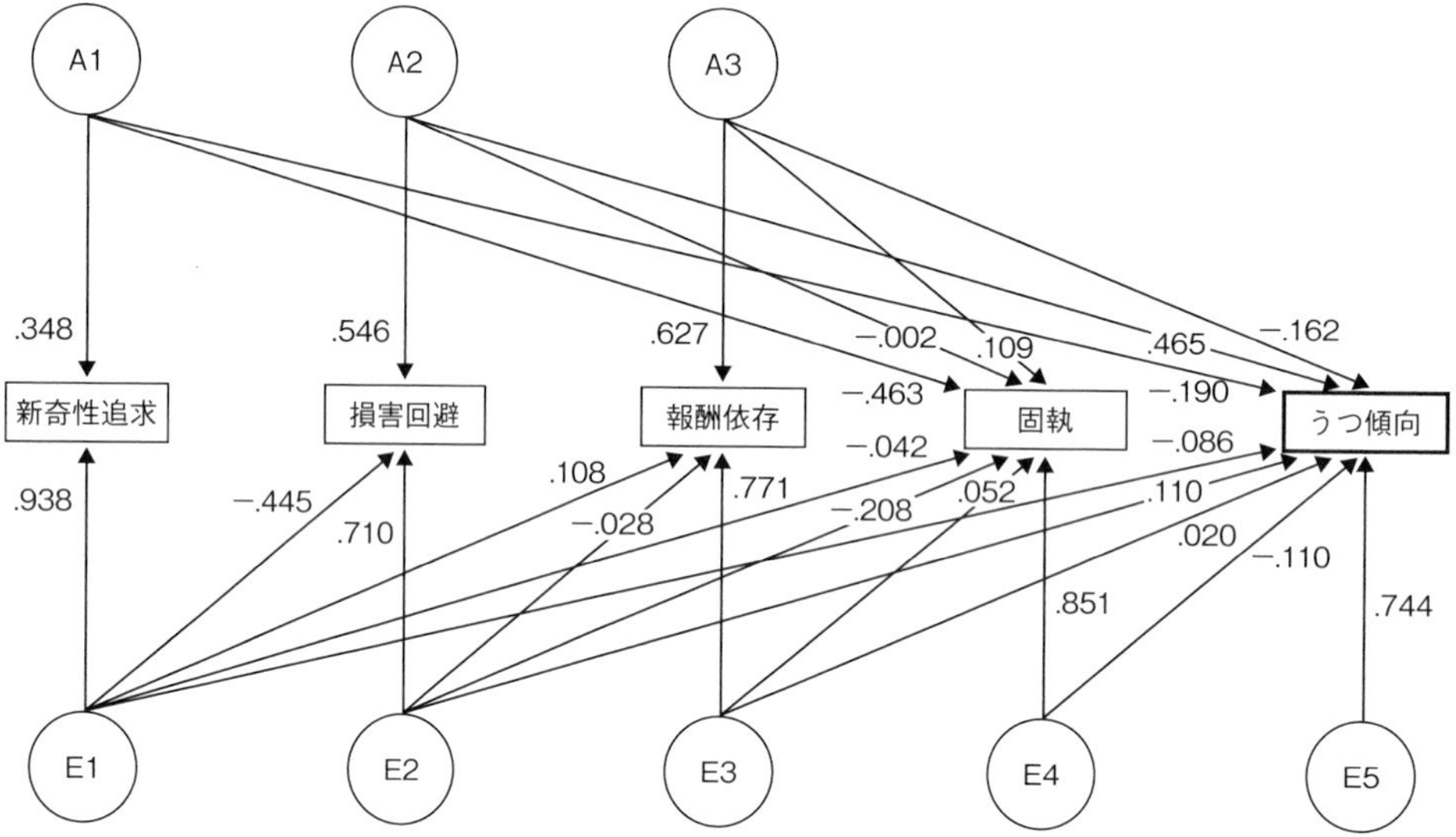

図 3-17　パーソナリティとうつ傾向との遺伝と環境の関係
(Ono, Y., Ando, J., Onoda, N., Yoshimura, K., Momose, T., Hirano, M., & Kanba, S. (2002))

に減数分裂によって独立に伝達されたとき、偶然にこのような極値に位置する組み合わせを生むこともありうるのだ。そのとき、なぜ自分たちから障害や疾患を持つ子が生まれたのだといぶかしみ、そして嘆くかもしれないが、それは遺伝子伝達の偶然がなせる業であり、どの親にも起こりうることなのである。逆にいえば、健常な子どもを授かれたこともまた、偶然にすぎない。とすれば、そうした極値の偶然を、異常な存在として社会から排除する資格は誰も持ちえないだろう。どの親にも必ず生じうる、こうした極値の人とともに生きるにはどうすればよいかを、自分自身の問題として考えねばならないゆえんである。

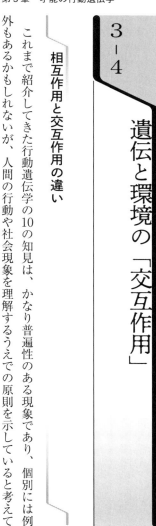

3-4　遺伝と環境の「交互作用」

相互作用と交互作用の違い

これまで紹介してきた行動遺伝学の10の知見は、かなり普遍性のある現象であり、個別には例外もあるかもしれないが、人間の行動や社会現象を理解するうえでの原則を示していると考えてよいものである。前章でも書いたように、遺伝の影響とは、決してその一般的イメージが与えるような強固で決定論的な要因ではない。その発現の過程では、遺伝子の与えるあるセットポイントを中心として、環境に応じたある程度の幅をもって動くものと考えるのが、現実的である。

このある種の柔軟さの中で、必ずしも原則化することはできないものの、しばしば見出される重要な現象に「遺伝と環境の交互作用」がある。

ここで、よく使われる「相互作用」という言葉とは使い分けて「交互作用」という統計用語を用いていることに留意してほしい。相互作用は、遺伝と環境の両方の要因が互いに関係しながら動的に表現型に作用しあうという意味で用いられることが多い。これまで紹介した10の知見も、すべて遺伝と環境の相互作用の結果として生まれている現象である。そして相互作用の結果として通常は、遺伝要因と環境要因が加算的に表現型に影響を及ぼしている。要するに遺伝要因が同じなら環境が違う分だけ違う、環境要因が同じなら遺伝が違う分だけ違うというごくあたりまえのことを言っているのであり、だからこの言葉は具体的には何も言い表していないに等しい。統計学ではこのとき、遺伝と環境のそれぞれの効果量のことを、「遺伝の主効果」「環境の主効果」と言い表している。

これに対して「遺伝と環境の交互作用」という言葉は、遺伝の効果が環境によって変わってくること、あるいは環境の影響が遺伝の条件によって変わってくること、したがって遺伝と環境と

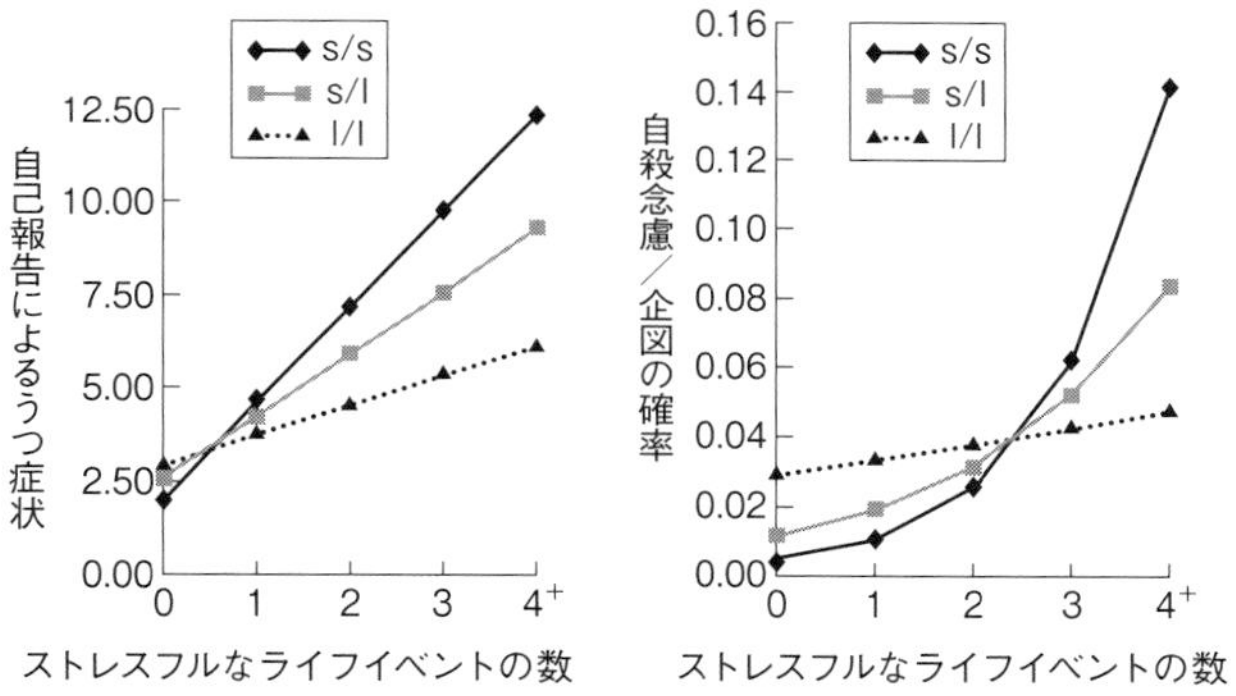

図 3-18　5-HTTLPR とストレスフルなライフイベントのうつ症状への交互作用

の足し算では説明できない現象であることを意味する。これを相互作用における遺伝の主効果、環境の主効果に対して、「交互作用効果」という。両者の相加的な効果を考えるモデルでは説明のつかない効果として用いられる統計用語である。このような現象もまた、遺伝が柔軟であり、しかし一定の効果を持つから生まれるものだ。その具体例をいくつか紹介しよう。

　遺伝と環境の交互作用のもっとも有名な例は、セロトニン伝導体遺伝子5-HTTLPRとストレスフルなライフイベントの間にみられる、うつ症状への効果だろう（図3-18）。一般にストレス経験が多いほどうつ症状や自殺念慮を起こしやすくなるが、以下のように、この遺伝子の種類によってもストレスへの耐性が異なるというものである。

つまり５－ＨＴＴＬＰＲという遺伝子には、短いもの（ｓ）と長いもの（ｌ）の２種類の多型があり、ｓ/ｓ、ｓ/ｌ、ｌ/ｌの３種類の遺伝子型が生まれるが、ｌ/ｌのタイプの人はストレスが多くてもうつになりにくいのに対して、ｓ/ｌ、ｓ/ｓとｓの数が増えるほどストレスに対する感受性が高まり、より強いうつ症状があらわれるのだ。

この現象は、うつ症状の強さがストレス経験だけからも、遺伝子型だけからも、また両要因の加算だけからも説明がつかず、両者の組み合わせを考えねばならないことから、典型的な遺伝と環境の交互作用といえる。２０１４年にカスピたちによって報告されたこの交互作用は、その後、数多くの追試が同じ結果を再現しない場合があることも指摘されながら、さまざまな議論がなされ(出典17)、部分的には検証されている。同様の交互作用は、同じくカスピらのチームによって、ＭＡＯＡ（モノアミン酸化酵素Ａをコードする遺伝子）の多型と虐待の程度が反社会性行動に及ぼす影響の中にも見出されている。

こうした遺伝と環境の交互作用という現象は、環境条件によって遺伝の影響力、つまり遺伝率は異なることを意味する。より一般化すれば、遺伝と環境の効果量はなんらかの条件の差によって異なること、遺伝の効果は環境や状況によって変化することを意味している。すでに紹介した児童から成人への発達にともなう遺伝率の増加現象も、広い意味では遺伝と成長時期との交互作用といえる。こうした現象は、双生児研究ではさまざまな形で見つかっている。

	左	中央	右	全ての場所
一卵性双生児	0.17 (−0.51 0.72)	0.64* (0.02 0.90)	−0.07 (−0.67 0.58)	0.60 (−0.04 0.89)
同性 二卵性双生児	−0.54 (−0.85 0.05)	−0.45 (−0.81 0.17)	0.14 (−0.47 0.66)	−0.38 (−0.78 0.25)
異性 二卵性双生児	−0.41 (−0.75 0.11)	−0.01 (−0.51 0.49)	−0.22 (−0.65 0.31)	−0.13 (−0.58 0.40)

表 3-4　呈示位置ごとの双生児の利き手指数の相関係数
（カッコ内は信頼性区間であり、ゼロをまたいでいたら、その値は有意な相関がないことを意味する。＊は統計的に有意）

知能に関しては、家庭の経済状況や親の社会的地位が高いと遺伝率が大きく、逆に低いと共有環境の影響が大きいという交互作用が、しばしば報告されている(出典18)。これは経済的・文化的に豊かな環境下では子どもが自分の遺伝的資質にあわせて自由に環境を選択でき、その結果、遺伝の効果がより顕在化しやすいのに対して、貧しい環境下では子どもの知的成長に振り向けられるお金や時間に制約があるからと考えられる。

表３－４は、幼児の前にモノを置いたときに、右手と左手のどちらの手を用いて取ろうとするかを、モノを置く位置で比較したときの双生児の利き手指数（右手を用いた反応数から左手を用いた反応数を引いた値）の相関係数である(出典19)。

ふつう、自分の左側にモノがあれば左手を使おうとし、右側にあれば右手を使おうとするが、利き手の左右分化が強ければ、右利きの人はモノが左にあっても右手を使うことが多くなるだろう。逆もまたしかりである。では利き手がまだ十分に決まりきっていない18ヵ月の幼児では、どの程度分化しているのだろうか。その結果はご覧のように、どちらの手でも取れる自由がある中央に置いたときだけ、明確に一卵性の相関が高くなり、遺伝の影響が表れていることがわかる。逆に、利き手への遺伝要因の発現は、少なくとも、左右どちらかを優先的に取らねばならないときは見られないということだ。これも一種の遺伝と環境の交互作用である。

ＬＧＢＴにみられる遺伝と環境の交互作用

ＬＧＢＴと称される性的マイノリティーには、さまざまな種類があることが明らかにされている。自分を男性と思うか女性と思うかを「性自認」、異性を好きになるか同性を好きになるかは「性指向」という。これらは心理的に別概念であり、自分を男性と認知する生物学的女性が必ずしも女性に恋してレズビアンになるわけではない。私たちの研究では、とくに性自認について、小児期から成人期までの幅広い範囲の双生児３３００組に対してアンケート調査を行った（出典20）。「違う性別になりたい」「違う性別に典型的な格好をしたがる」「今の自分の性別をいやがる」「自分の性別だけにある身体の特徴をいやがる」の４項目について、「全くあてはまらない」から「とてもよくあてはまる」まで６つの選択肢のうちどれにあてはまるかを答えてもらうもので、

女性	A	C	E
小児期	.84 (.68−.99)	.00 (.00−.00)	.16 (.01−.31)
青年期	.41 (.00−1.00)	.12 (.00−.75)	.48 (.32−.64)
成人期	.11 (.00−.99)	.40 (.00−1.00)	.49 (.23−.75)

男性	A	C	E
小児期	.15 (.00−1.00)	.70 (.00−1.00)	.15 (.00−.47)
青年期	.00 (.00−.00)	.13 (.00−.29)	.87 (.71−1.00)
成人期	.00 (.00−.00)	.47 (.14−.80)	.53 (.20−.86)

A＝遺伝、C＝共有環境、E＝非共有環境

表 3-5　性同一性障害傾向への寄与率の比較

その合計点を、性同一性障害傾向の指標とした。

こうして性同一性障害傾向への遺伝、共有環境、非共有環境の寄与率を、本人の生物学的性別と年齢期（小児期、青年期、成人期）に分けて示したのが表3-5である。

そこには複雑な性別と年齢の交互作用が見てとれる。女性では、小児期に非常に大きな遺伝の影響が見出されるが、年齢とともに減少し、共有環境、非共有環境の影響が増大する。一方、男性は、押しなべて遺伝の影響は小さく、とくに小児期は共有環境の影響が大きい。これは男の子のほうが女の子よりも「男らしくしなさい」と親から言われる傾向が高いことを示唆している。また、男女とも成人になると非共有環境の影響が大きくなるのは、自分にかかわる周囲の人々の影響が強く出てくるからと考えることができるだろう。

この結果は、そもそも性自認は環境によって形成されるのではなく、本来もっている遺伝的なものであること、その傾向は幼少時にはかろうじて表れているが、成長とともに社会からの規範的要請にさらされて押し殺されていることを示唆しているように思われる。

3-5 MRIが明かした脳の遺伝と環境

一卵性双生児の驚くべき類似

これまで、さまざまな心理的形質に遺伝の影響が表れていることを示す研究成果を紹介してきた。それでは、そもそもなぜ行動に遺伝の影響が表れ、それが長期にわたって関わってくるのだろうか。

一卵性双生児の行動がとくに似てくるのは、そもそも脳のつくりと働きが、遺伝によって非常に

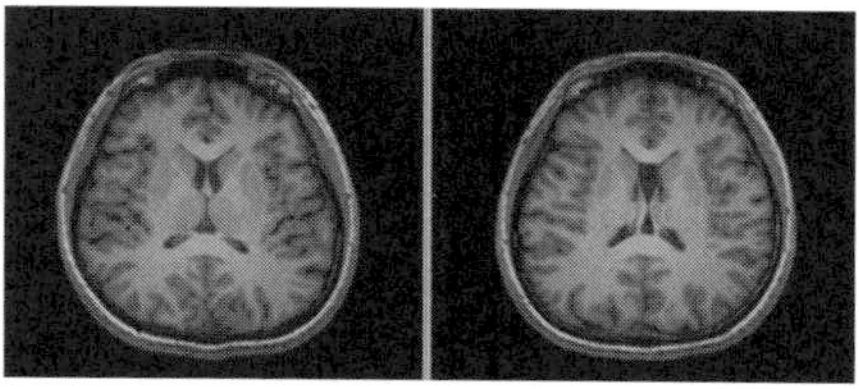

ペア1

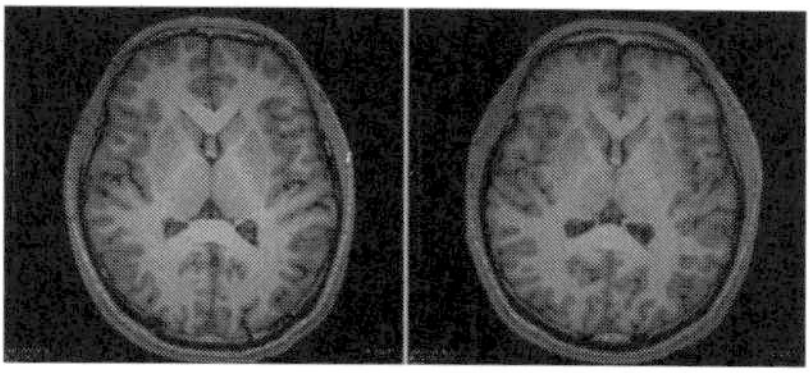

ペア2

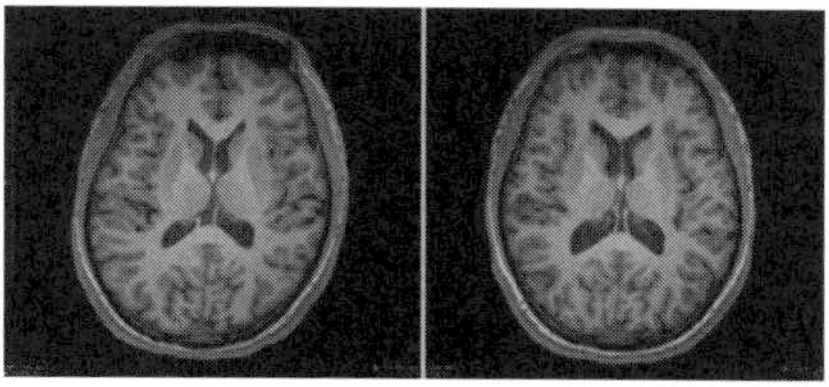

ペア3

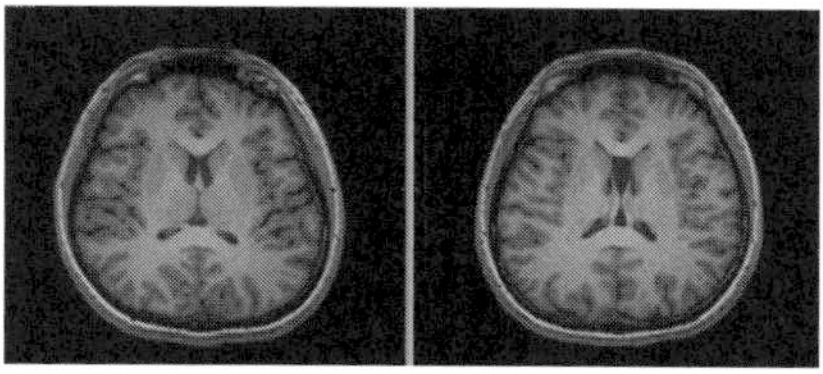

ペア4

図 3-19　４組の一卵性双生児きょうだいの脳構造の MRI による比較
(慶應義塾ふたご行動発達研究センターのデータより)

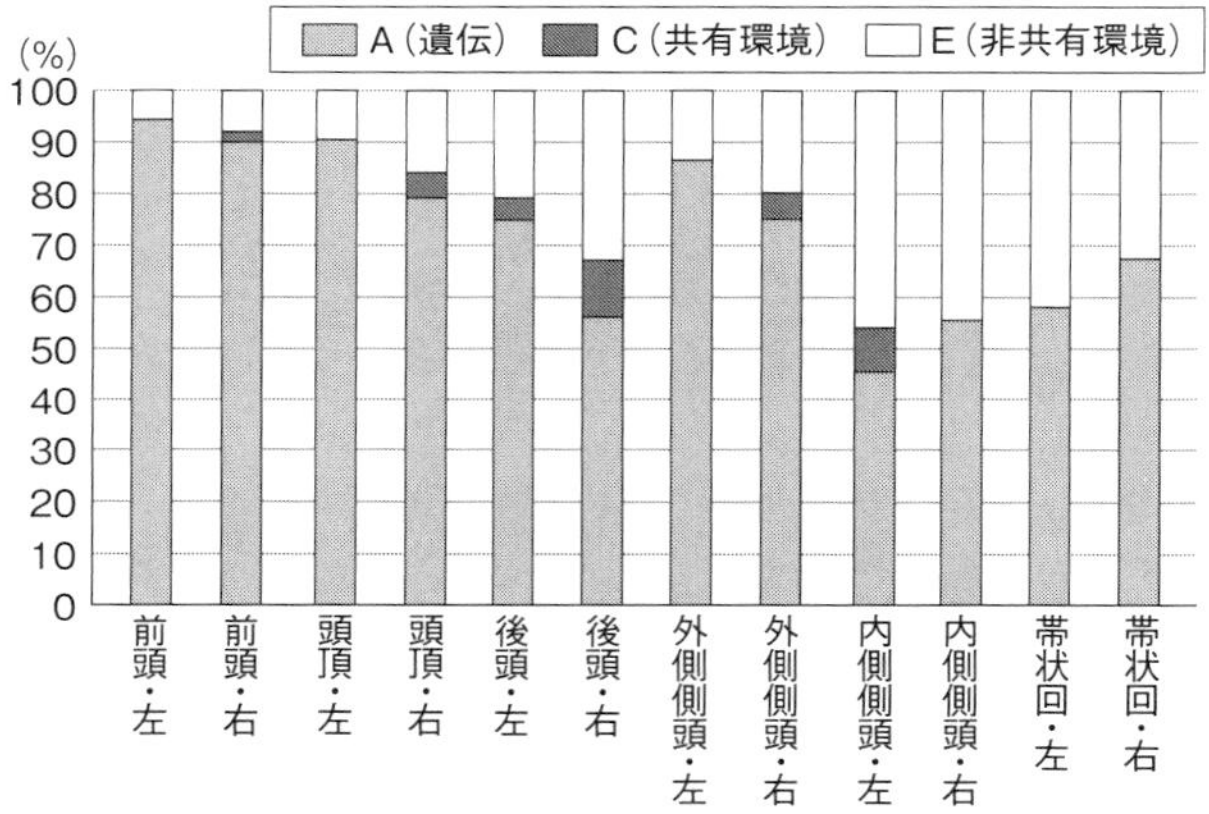

図 3-20　脳の各部位ごとの表面積の、遺伝、共有環境、非共有環境の割合

(Eyler,L.T.,Prom-Wormley,E.,Panizzon,M.S.,Kaup,A.R.,Fennema-Notestine,C.,Neale,M.C., Jernigan,T.L.,Fischl,B.,Franz,C.E.,Lyons,M.J.,Grant,M.,Stevens,A.,Pacheco,J.,Perry,M.E.,Schmitt,J.E.,Seidman,L.J.,Thermenos,H.W.,Tsuang,M.T.,Chen,C.H.,Thompson,W.K.,Jak,A.,Dale,A.M.,& Kremen,W.S. (2011))

強く規定されているからである。

このことを、百聞は一見に如かず、とばかりに示しているのが、一卵性双生児の脳の構造を示すMRIの静止画像である（図3－19）。

ここに掲げたのは、一卵性双生児きょうだいの4つのペアの、脳の断面図だ。その輪郭といい、内部構造といい、きょうだいどうしではほとんど同一といえるくらいよく似ているが、他のペアとはまったく違う形をしている。これはほとんど顔立ちと同じである。いや、顔と違い、表情による変化がない分、形状の不変性が際立っているといえよう。ちなみにペア1

とペア4は、どちらも輪郭が左右対称に見えるが、これは赤ちゃんのときに向かい合って寝ることが多かったために（ふたごではよく見られる）、一方が右向き、もう一方が左向きにいたことが原因と思われる。

このような外見上の類似性だけでなく、脳の各部位、すなわち皮質の表面積や厚みや神経細胞の密度について、遺伝、共有環境、非共有環境の割合を算出しても、きわめて高い遺伝率が見出され、共有環境の影響はほとんど見出されない（図３－20）出典21。

この図から、心理的形質の中でも遺伝率の高い知能をつかさどる前頭と頭頂（左）の表面積は、それに対応するように全脳で最大の90％の遺伝率になっていることがわかる。一方で、個人的な記憶や自己をつかさどる内側側頭《ないそくそくとう》や帯状回《たいじょうかい》では、相対的に非共有環境が大きいことから、個人的な経験が脳の構造にも関与していることがうかがえる。

脳神経ネットワークに見える遺伝と環境

安静時脳機能（resting state）、つまり何も考えない、しかし寝ないでＭＲＩの中でぼーっとしているときの脳の活動を測定すると、脳のさまざまな部位が同期して働いている機能的ネットワークの様子を計測することができる。これまでに触れてきた一般知能や実行機能、自己制御にかかわる前頭前野と頭頂皮質の間のネットワークも、そのような計測の中で浮かび上がってくる機能的ネットワークの一つである。

個々のネットワークは、ほかのネットワークとさらにネットワークを構成するという関係をなしているので、その全体を描こうとするときわめて複雑なものになるが、そのなかで主なネットワーク内、ならびにネットワーク間での脳活動（血流の増減で表される）の同期のしかたの個人差を、遺伝と環境とに分けて分析したのが図3－21である出典22。

この曼陀羅《まんだら》のような図からわかるのは、ネットワーク内の各部位の間の脳活動でも、ネットワーク間のコネクティビティー、すなわち脳の異なる箇所どうしで、血流の変化がどのくらい同期しているかについても、遺伝要因が媒介しているところが多く見られるということである（図中では太い黒線で結ばれている）。とくに実行機能をつかさどる前頭頭頂ネットワークは、脳の同側内でも左右間でも遺伝が媒介しており、それが言語ネットワークや感覚運動ネットワークや、脳の安静状態と活動状態を切り替える顕著性ネットワークと遺伝でつながっている。一方、言語ネットワークは、言語というものが自分の生活環境にかかわる情報を処理するものであるから、それを構成する各部位は遺伝ではなく共有環境によって媒介されており（図中ではグレーの線で結ばれている）、また言語ネットワークは視覚ネットワークや小脳と共有環境によって媒介されている。

さらに興味深いのは、自分に関する記憶や思考、内省など、自己にかかわる機能をもつデフォルト・モード・ネットワークが、遺伝と共有環境の影響をともに持っており、しかし実行機能の中枢である前頭頭頂ネットワークや顕著性ネットワークとは直接の関係を持っていないことである。自己にかかわるデフォルト・モード・ネットワークと前頭頭頂ネットワークは、しばしば背反し拮抗しあう関係にあり、心が外的情報処理に向けられ、いわば頭を使って学習しているときは前頭頭頂ネットワークの活動が活発になるが、安静に頭を休めてぼーっとしているときには前頭頭頂の活動は抑制され、代わりにデフォルト・モード・ネットワークの活動が優勢になる。いわば脳が注意を向ける方向性を、外部か内部かで切り替えるのが、気づきネットワークともよばれる顕著性ネットワークなのである。それがデフォルト・モード・ネットワークと直接に関わるのではなく、前頭頭頂ネットワークを制御することで、デフォルト・モード・ネットワークとの相対的関係の重みづけに関与している様子が垣間見られるのだ。

このことは、ヒトが前頭前頂ネットワークが担う客観的知識を学習しながら、デフォルト・モード・ネットワークがつかさどる遺伝的な素質を持った自分というものを、社会の中で自己実現してゆかねばならないという、近代の困難な課題を読み解くうえで、きわめて示唆に富む結果が示されているといえるだろう。

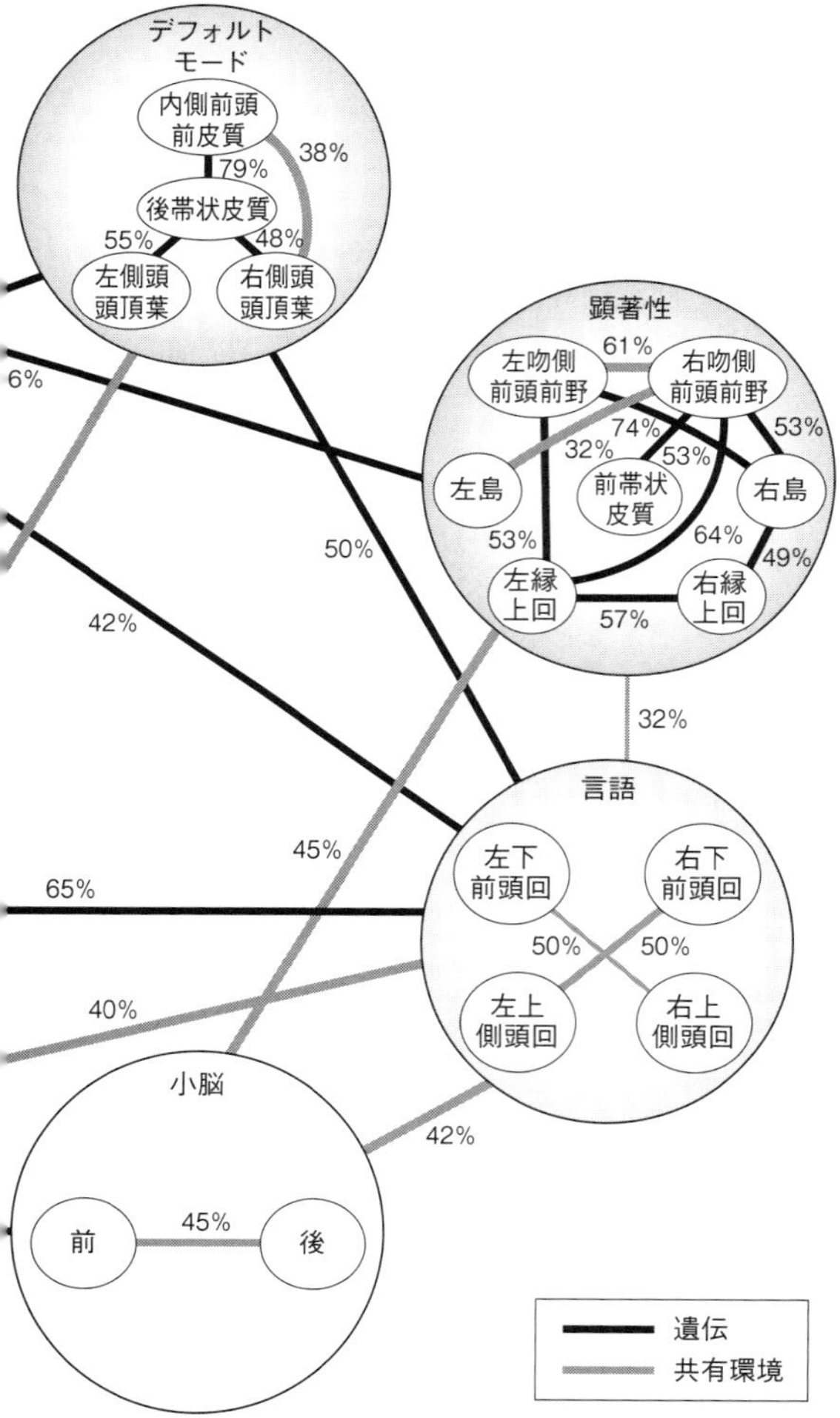

デフォルト
モード
内側前頭
前皮質
38%
79%
後帯状皮質
55%
48%
左側頭
頭頂葉
右側頭
頭頂葉
6%
顕著性
61%
左吻側
前頭前野
右吻側
前頭前野
74%
53%
32%
53%
左島
前帯状
皮質
右島
53%
64%
49%
左縁
上回
右縁
上回
57%
50%
42%
32%
言語
45%
左下
前頭回
右下
前頭回
65%
50%
50%
40%
左上
側頭回
右上
側頭回
小脳
42%
45%
前
後
遺伝
共有環境

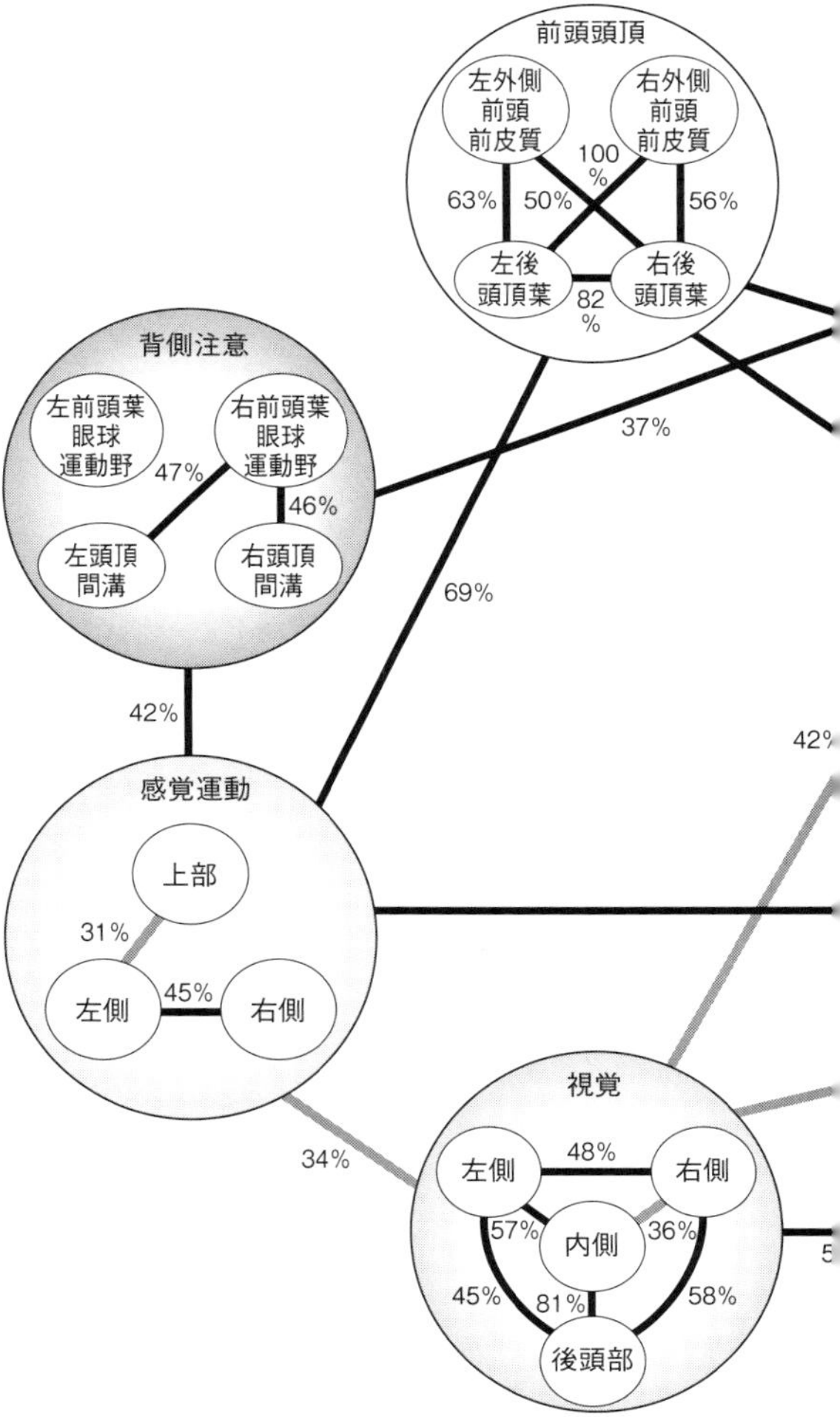

図 3-21　脳のさまざまな機能的ネットワークにおける遺伝的・共有環境的なつながり

(Teeuw,J.,Brouwer,R.M.,Guimarães,J.P.O.F.T.,Brandner,P.,Koenis,M.M.G.,Swagerman,S.C.,Verwoert,M.,Boomsma,D.I., & Pol,H.E.H. (2019))

第3章 注と出典

注1 ふたごのライフヒストリーの類似性は拙著『教育は遺伝に勝てるか？』（２０２３、朝日新書）に紹介した。

注2 この差の大部分は遺伝によるものではなく、教育の普及度であろう。するとおそらく25点の人も生まれてしまう教育環境で６５２点とれる人の遺伝的素質はいかばかりのものかと空想してしまう。

出典1 Plomin, R., DeFries, J.C., Knopik, V.S., & Neiderhiser, J.M. (2016) Top 10 replicated findings from behavioral genetics. Perspectives on Psychological Science, 11(1) 3－23. doi: 10.1177/1745691615617439

出典2 平石界、中村大輝（２０２２）心理学における再現性危機の10年、科学哲学、54（２）27-50. https://doi.org/10.4216/jpssj.54.2_27.

出典3 Davis, O.S.P., Haworth, C.M.A., & Plomin, R. (2009) Learning abilities and disabilities: Generalist genes in early adolescence. Cognitive Neuropsychiatry, 14 (4-5): 312-331. doi: 10.1080/13546800902797106

出典4 Shikishima, C., Hiraishi, K., Yamagata, S., Sugimoto, Y., Takemura, R., Ozaki, K., Okada, M., Toda,

T., & Ando, J. (2009). Is g an entity? A Japanese twin study using syllogisms and intelligence tests. Intelligence, 37, 256-267.

出典5 Yamagata, S., Suzuki, A., Ando, J., Ono, Y., 他８名。2006. Is the genetic structure of human personality universal? A cross-cultural twin study from North America, Europe, and Asia. Journal of Personality and Social Psychology, 90, 987-998.

出典6 Haworth, C. M. A., Wright, M. J., Luciano, M., Martin, N. G., de Geus, E. J. C., van Beijsterveldt, C. E. M., ... Plomin, R. (2010). The heritability of general cognitive ability increases linearly from childhood to young adulthood. Molecular Psychiatry, 15, 1112-1120. doi: 10.1038/mp.2009.55

出典7 藤澤啓子（２０２１）幼児期における実行機能　敷島千鶴・平石界編　安藤寿康監修『ふたご研究シリーズ 第１巻　認知能力と学習』（第７章）創元社／ Fujisawa, K. K., Todo, N., & Ando, J. (2016). Genetic and environmental influences on the development and stability of executive functions in children of preschool age: A longitudinal study of Japanese twins. Infant and Child Development, e1994.

出典8 Briley, D. A., & Tucker-Drob, E. M. (2014). Genetic and environmental continuity in personality development: A meta-analysis. Psychological Bulletin, 140, 1303-1331. doi: 10.1037/a0037091

出典9 Takahashi, Y., Yamagata, S., Kijima, N., Shigemasu, K., Ono, Y., & Ando J. Continuity and change in behavioral inhibition and activation systems：A longitudinal behavior genetic study. Personality and Individual Differences, 2007; 43, 1616-1625. doi：10.1016/j.paid.2007.04.030

出典10 Shikishima, C., Hiraishi, K., Takahashi, Y., Yamagata, S., Yamaguchi, S., & Ando, J. (2018) Genetic and environmental etiology of stability and changes in self-esteem linked to personality：A Japanese twin study. Personality and Individual Differences, 121, 140–146.

出典11 Tucker-Drob, E. M., & Briley, D. A. (2014). Continuity of genetic and environmental influences on cognition across the life span：A meta-analysis of longitudinal twin and adoption studies. Psychological Bulletin, 140, 949-979. doi：10.1037/a0035893

出典12 Briley, D. A., & Tucker-Drob, E. M. (2014). Genetic and environmental continuity in personality development：A meta-analysis. Psychological Bulletin, 140, 1303–1331. doi：10.1037/a0037091

出典13 Kendler, K. S., & Baker, J. H. (2007). Genetic influences on measures of the environment：A systematic review. Psychological Medicine, 37, 615–626.

出典14 Shikishima, C., Hiraishi, K., Yamagata, S., Neiderhiser, J. M., & Ando, J. (2012). Culture moderates the genetic and environmental etiologies of parenting：A cultural behavior genetic approach. Social Psychological & Personality Science, 4, 434–444. doi：10.1177/1948550612460058

出典15 Fujisawa, K. K., Yamagata, S., Ozaki, K., & Ando, J. (2012). Hyperactivity/inattention problems moderate environmental but not genetic mediation between negative parenting and conduct problems. Journal of Abnormal Child Psychology, 40, 189–200.

出典16 Ono, Y., Ando, J., Onoda, N., Yoshimura, K., Momose, T., Hirano, M. & Kanba, S. (2002) Dimensions of temperament as vulnerability factors in depression. Molecular Psychiatry, 7, 948-95 3.

出典17 Karg, K., Burmeister, M., Shedden, K., & Sen, S. (2011) The serotonin transporter promoter variant (5-HTTLPR), stress, and depression meta-analysis revisited: evidence of genetic moderation. Archives of General Psychiatry, 68, 444-454. / Culverhouse (2013) Protocol for a collaborative meta-analysis of 5-HTTLPR, stress, and depression. BMC Psychiatry, 13, 304. http://www.biomedcentral.com/1471-244X/13/304

出典18 Turkheimer, E., Haley, A., Waldron, M., D'Onofrio, B., & Gottesman, I.I. (2003). Socioeconomic status modifies heritability of IQ in young children. *Psychological Science*, 14, 623-628. / Turkheimer, E., Haley, A., Waldron, M., D'Onofrio, B., & Gottesman, G.I. (2011) Socioeconomic status modifies heritability of IQ in young children. *Psychological Science*, 14, (6), 623－628. / Tucker-Drob, E.M., & Briley, D.A. (2012) Socioeconomic status modifies interest-knowledge associations among adolescents. Personality and Individual Differences, 53(1), 9-15.

出典19 Suzuki, K., Ando, J. & Satou, N. (2009). Genetic effects on infant handedness under spatial constraint conditions. Developmental Psychobiology, 51(8), 605–615. doi: 10.1002/dev.20395 / 鈴木国威（２０２１）パーソナル・テンポや利き手の発達　藤澤啓子・野嵜茉莉編　安藤寿康監修『ふたご研究シリーズ 第3巻　家庭環境と行動発達』（第５章）創元社

出典20 Sasaki, S., Ozaki, K., Yamagata, S., Takahashi, Y., Shikishima, C., Kornacki, T., Nonaka, K., & Ando, J. (2016). Genetic and environmental influences on traits of gender identity disorder: A study of Japanese twins across developmental stages. Archives of Sexual Behavior, 45, 1681-1695./ 佐々木掌子・平石界（２０２１）　性的指向と性同一性　藤澤啓子・野嵜茉莉編　安藤寿康監修『ふたご研究シリーズ 第3巻　家庭環境と行動発達』（第６章）創元社

出典21 Eyler, L. T., Prom-Wormley, E., Panizzon, M.S., Kaup, A.R., Fennema-Notestine, C., Neale, M. C., Jernigan, T.L., Fischl, B., Franz, C.E., Lyons, M.J., Grant, M., Stevens, A., Pacheco, J., Perry, M.E., Schmitt, J.E., Seidman, L.J., Thermenos, H.W., Tsuang, M.T., Chen, C.-H., Thompson, W.K., Jak, A., Dale, A.M., & Kremen, W.S. (2011) Genetic and environmental contributions to regional cortical surface area in humans: A magnetic resonance imaging twin study. Cerebral Cortex, 21, 2313-2321.

出典22 Teeuw, J., Brouwer, R. M., Guimarães, J. P. O. F. T., Brandner, P., Koenis, M. M. G., Swagerman, S. C., Verwoert, M., Boomsma, D. I., & Pol, H. E. H. (2019). Genetic and environmental influences on functional connectivity within and between canonical cortical resting-state networks throughout adolescent development in boys and girls. NeuroImage, 202. doi: 10.1016/j.neuroimage.2019.116073

第4章

遺伝子が暴かれる時代

4-1 ポリジェニック・スコアの進化

「学歴」はIQの代替指標として有効だった

行動遺伝学の時代はすでに長く、ゴールトンにさかのぼれば150年、行動遺伝学会設立から数えても50年になり、前章に紹介したような、再現性のある結果を出しつづけている。しかし、そのほとんどは、双生児法をはじめとした血縁者間の表現型の類似性に、量的遺伝学のモデルを当てはめ、遺伝率の推定や遺伝・環境構造のモデル化を行ってきただけであった。そこに具体的な遺伝子の特定がともなってきたのは、1996年である。

それまでは、心理的形質に与える遺伝の影響を、どれだけ大規模な双生児プールを用い、膨大な統計量をもって推定しても、それが遺伝率何パーセントだとか、知能と学業成績の間には遺伝相関があるとか、発達によって遺伝率が変化したというような報告は、行動遺伝学のモデルを熟知しない人からは、残念ながら少なからず疑いの目で見られてきた。具体的な遺伝子を特定することなしに、いくら遺伝の影響はあると叫んでも、信頼性は低く受けとめられがちだった。

それが１９９６年に、「新奇性追求」とＤＲＤ４(出典1)、「不安」と５ＨＴＴ(出典2)との関連が相次いで『Nature Genetics』誌や『Science』誌に報告されたことで、潮目が変わった。新奇性追求と不安といったあいまいな、本当にそれが実体としてあるのか気のせいなのかわからない心の動きについて、具体的な遺伝子が見つかったのである。ここから一気に、心理的形質の遺伝子探しが始まった。

とはいえ、しばらくはモノジェニック、つまり単一の候補遺伝子探しが続き、かえってその寄与率の低さや、説明力の弱さが印象づけられた(出典3)。一つ一つの遺伝子の多型の説明率は０・０１％台から０・１％台程度にすぎず、それをいくつか足し合わせても、その心理的形質の個人差を十分に説明できたというにはほど遠かった。たとえば、初めて「知能の遺伝子」として報告されたＩＧＦ２Ｒという神経の成長因子の遺伝子(出典4)のある多型では、平均的知能のグループがそのタイプを15％持つのに対して、高い知能のグループは30％持つという程度の差でしかなく、しかもその研究はすぐに再現されないことがわかった。

そうした状況は、遺伝子の単位ではなく１塩基の違い、すなわちＳＮＰ探しになってもあまり変わることはなかった。２０１３年の論文では23万人のサンプルで、わずか３ヵ所のＳＮＰしか基準に引っかからず、その知能の説明率は２・６％程度だった(出典5)。２０１６年の論文は30万人弱のサンプルでＩＱ関連のＳＮＰを特定しようとしたものの74個程度しか特定できず、その説明率は６％だった。サンプルを40万人に増やし、関連するＳＮＰ数が１６２個になっても、説明率は７％弱であった(出典6)。しかし、２０１８年にサンプル数が１００万人を超えたとき、説明率は一気に10％を超えた(出典7)。

これは、このとき（調査自体は２０１７年）に実測した知能検査の得点（ＩＱ）ではなく、ＵＫバイオバンクなどにある「教育年数」、すなわちフルタイムでの学校教育を何年過ごしたかというわば「学歴」のデータを、知能の代替指標として使えることに気づいたからだ。わが国の国勢調査でも、最終学歴は誰もが提供する「ありきたりの調査変数」である。中卒か高卒か大卒か大学院まで進学するかは、主として経済的事情や本人の進学意志によって決まるもので、頭のよさとも多少は関係するかもしれないが誤差が多そうで、それがＩＱと直結するとはあまり考えない。そこが盲点だった。

実際のところ、学歴とＩＱの間には、０・６程度という中程度の相関がある。そしてサンプル数が１００万の規模になると、誤差を考慮してもなお知能の代替指標としてＳＮＰ探しに有効に使えることがわかったのだ（図４－１）。まさに数の勝利である(出典8)。

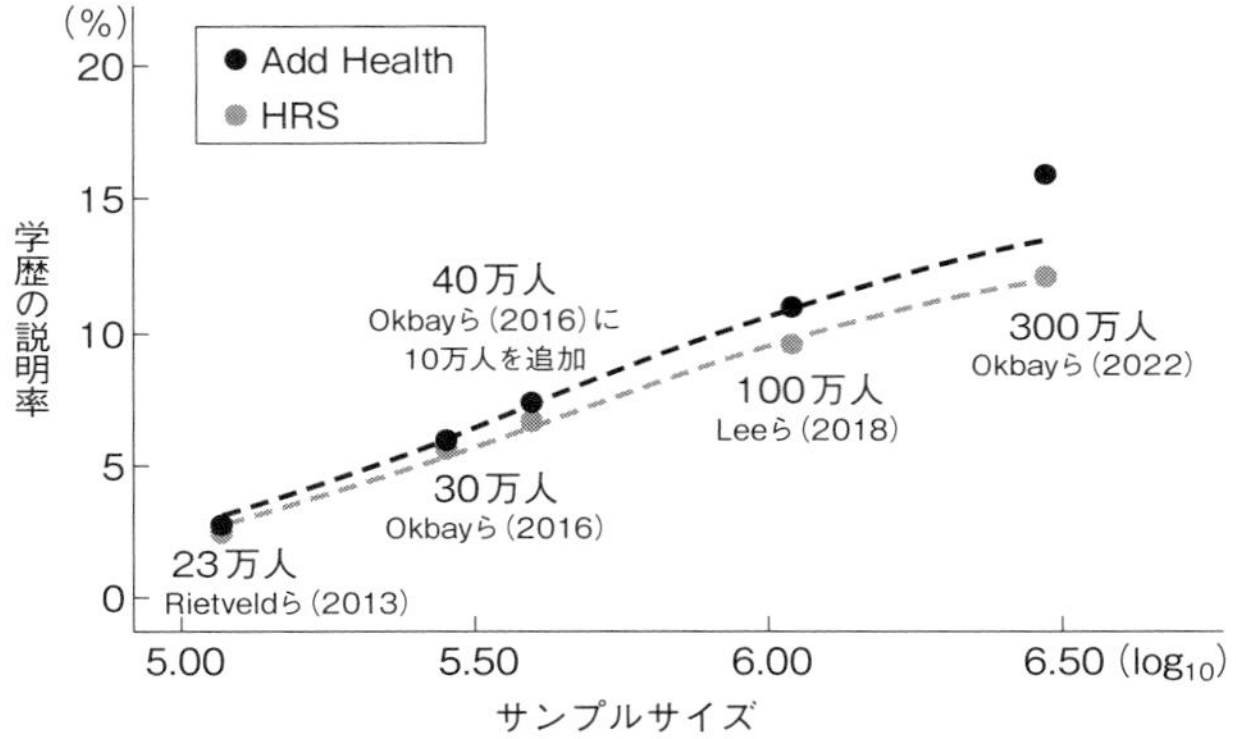

図 4-1　PGS による教育年数の説明率と、サンプルの大きさとの関係
(Okbay, A.et al. (2022))

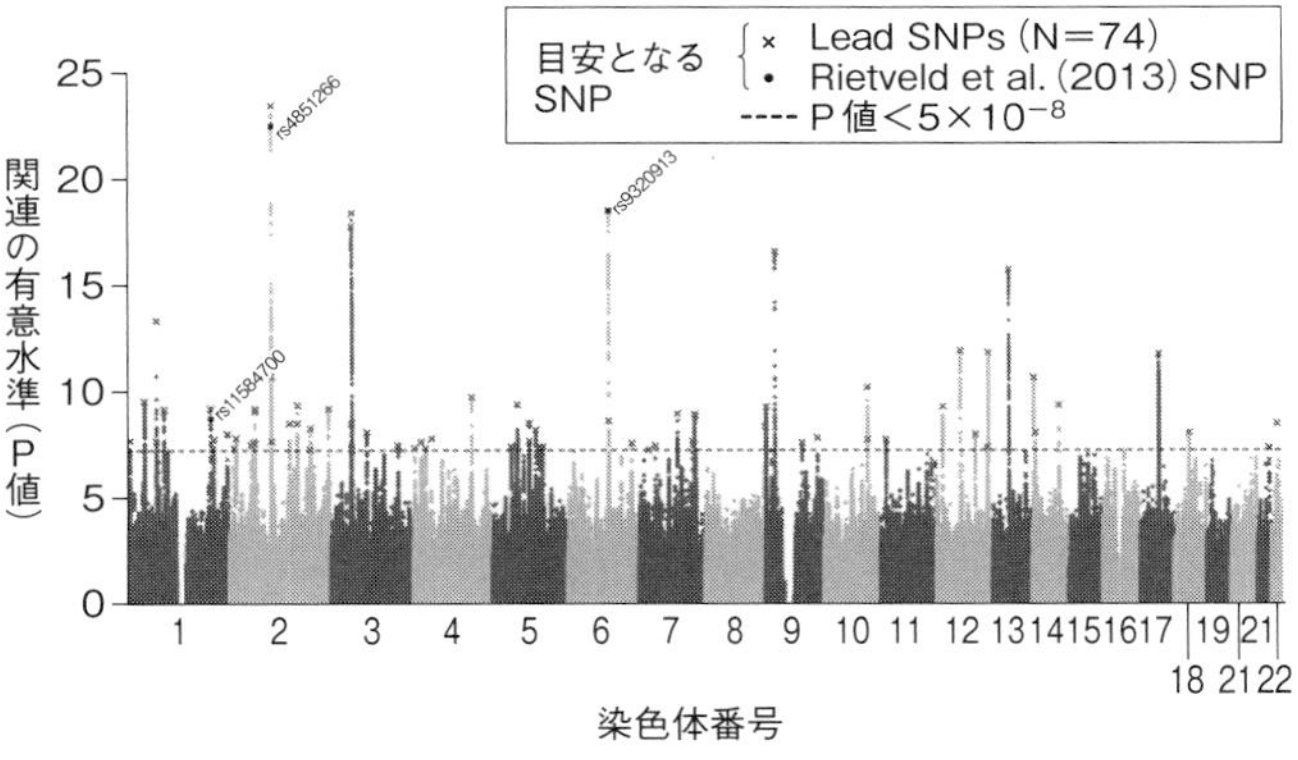

図 4-2　2016 年時点で約 30 万人のサンプルから得られた IQ に関連のある SNP のマンハッタンプロット (Okbay, A. et al. (2016))

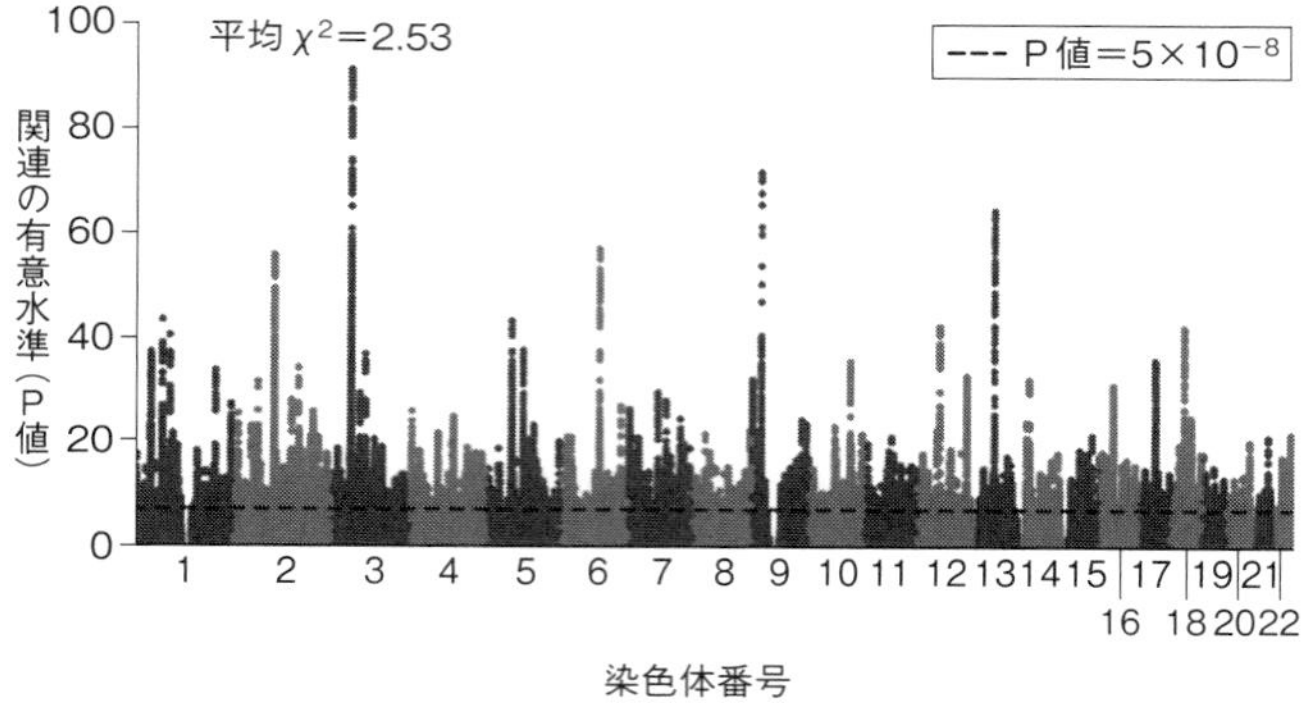

図 4-3　2018 年時点で 100 万人を超えるサンプルから得られた教育年数に関連のある SNP のマンハッタンプロット

(Lee, J. J., Wedow, R., Okbay, A., Kong, E., Maghzian, O., Zacher, M., Nguyen-Viet, T. A., Bowers, P., Sidorenko, J., Linner, R. K., Fontana, M. A., Kundu, T., Lee, C., Li, H., Li, R., Royer, R., Timshel, P. N., Walters, R. K., Willoughby, E. A., … & Cesarini, D. (2018))

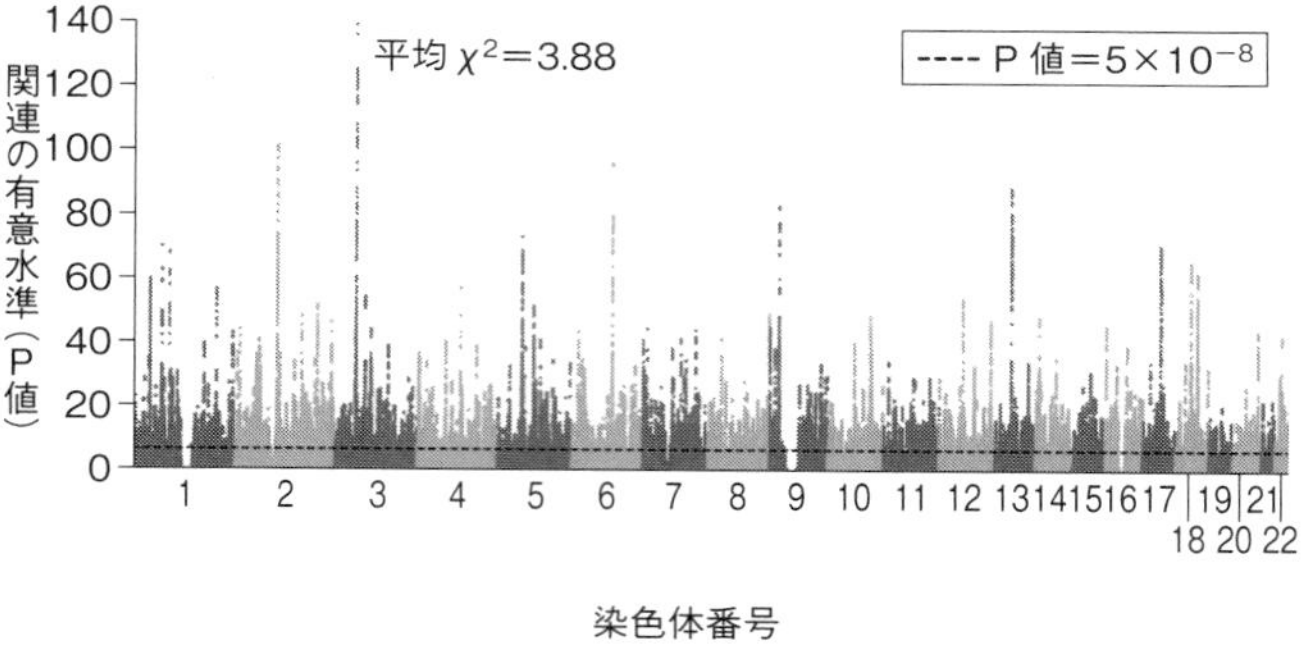

図 4-4　2022 年時点で 300 万人を超えるサンプルから得られた教育年数に関連のある SNP のマンハッタンプロット

(Okbay, A., Wu, Y., Wang, N., Jayashankar, H., Bennett, M., Nehzati, S. M., Sidorenko, J., Kweon, H., Goldman, G., Gjorgjieva, T., Jiang, Y., Hicks, B., Tian, C., Hinds, D. A., Ahlskog, R., Magnusson, P. K. E., Oskarsson, S., Hayward, C., Campbell, A., …Young, A. I. (2022))

ＰＧＳの求め方

教育年数を指標として見つけ出された10個の遺伝子から算出されたポリジェニック・スコア（ＰＧＳ）は、後述するように学歴の長さを説明するだけでなく、それ以上にＩＱのばらつきをも説明できることがわかった。そしてサンプル数が３００万人になったとき、その説明力は13％から16％に達した（出典9）。サンプル数と説明率はリニア（直線的）な関係にはないが、着実に関連ＳＮＰ数とその説明率を増やしていることは図４－１を見れば明らかである。

図４－２は２０１６年に約30万人のサンプルで得られた、ＩＱに関連する常染色体のマンハッタンプロットだ。図４－３は、２０１８年に１００万人を超えるサンプルで得られた教育年数に関連するＳＮＰのマンハッタンプロット、そして図４－４は、２０２２年にサンプルが３００万人を超えたときの教育年数に関連するＳＮＰのマンハッタンプロットだ。縦軸の有意性のレベルがはるかに高くなり、それにしたがって有意性を判断する水準値10^{-9}をクリアするＳＮＰの数も格段に増えている様子がよくわかるだろう。

ここで「説明率」と言っているのが、ポリジェニック・スコア（ＰＧＳ）、またはポリジェニック・インデックス（ＰＧＩ）による説明率のことである。医学領域では疾患へのリスク度を表すのでポリジェニック・リスク・スコア（ＰＲＳ）ともいう。第１章で説明したようにこれは、

GWAS（genome-wide association study）、すなわち全ゲノム関連解析によって突きとめられている塩基配列の、数万ヵ所から数百万ヵ所の塩基の違い（つまりSNP）を、DNAマイクロアレイを用いて大量に検出する手法から得られた産物である。

PGSの求め方は、およそ次のようなものだ。図4-5の左の図のように、何万人から何百万人のサンプルについて、調べたい表現型の個人差（それが医学であれば疾患の診断を受けているか、どの程度の病状かなど、心理学であればIQ得点や学力テスト得点やパーソナリティ尺度の値、そしてここで用いる教育年数など）と有意な関連がある個所を特定する。そのとき、一つ一つのSNPがその個人差に対してどの程度の効果量を持っているかも同時に算出される。たとえば、rs5番のSNPでは、A（アデニン）のバリアントを1個持っていると、T（チミン）のバリアントよりもIQが0・013点高くなるとする。このとき、ある人はこのSNPではT／Tの組み合わせでAはないのでIQへの効果なし、別の人はA／TなのでAは1個で0・013点高くなり、また別の人はA／Aと2個あるので0・026点高くなる。こうして有意な効果量を持つことが突きとめられた数百ヵ所から数千ヵ所のSNPについて、その得点を合計したものが、ポリジェニック・スコア（PGS）である。このスコアは一人ひとりについて算出される（図4-5の真ん中の図）。すると、集団のPGS分布は、きちんと表現型の分布とパラレルな正規分布を描くこと（図4-5の右図）から、この得点の妥当性が示唆される。

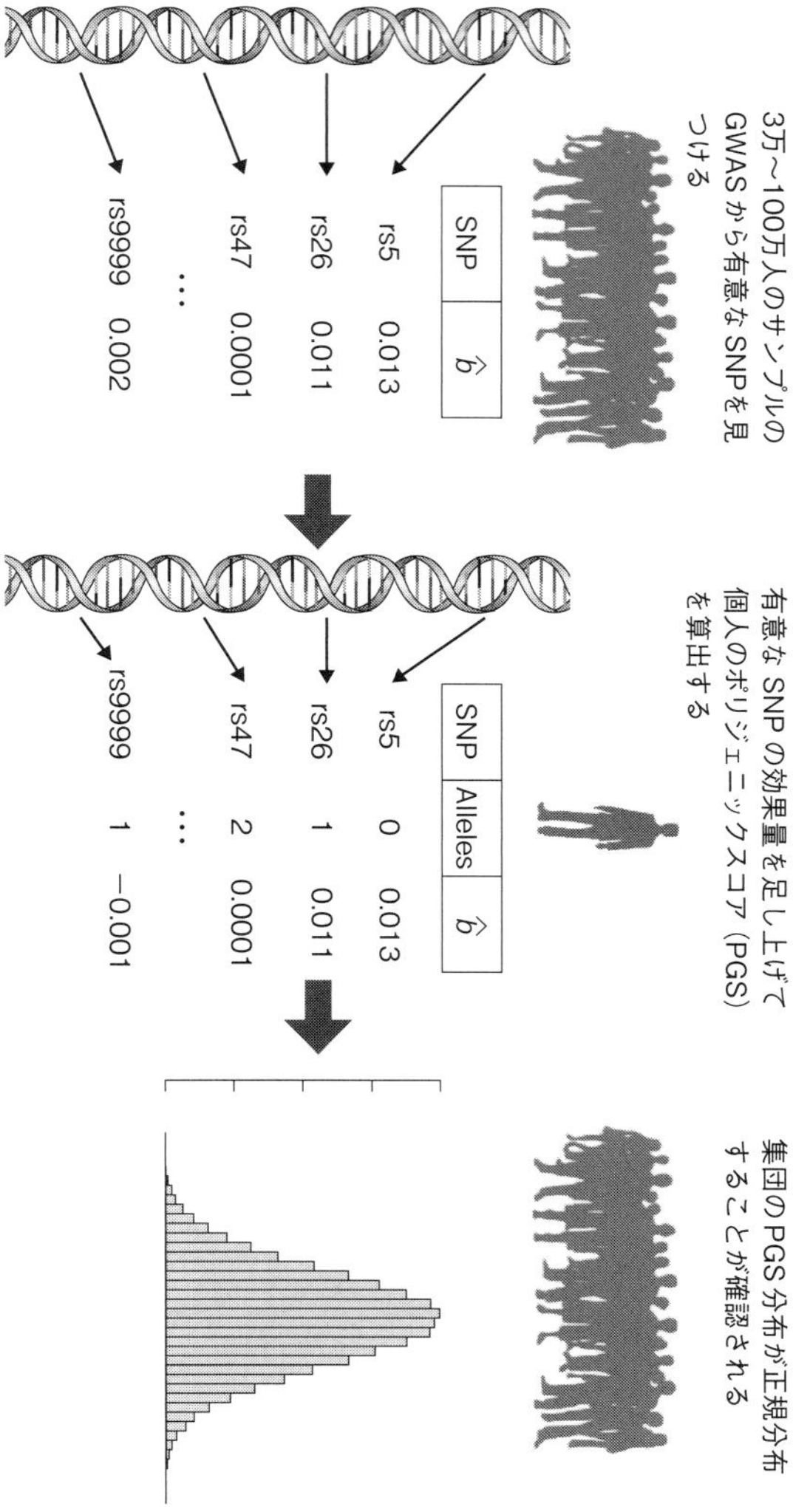

図 4-5　ポリジェニック・スコア（PGS）の算出のしかた
(Belsky, D.W. & Harden, K. P. (2019))

このようにPGSの考え方はいたって単純であり、あとはどれだけのSNP数とサンプル数を用意できるかという数の勝負になるわけだ。それがよりにもよって、疾患や健康に関する指標以上に、教育年数とそれに関連する知能という心理学的変数、すなわち多くの人が、それがわかったらえらいことになると危惧しそうな変数について成功しているのは皮肉なことである。

日本人には日本人のサンプルが必要

ここで注意が必要なのは、PGSの説明力は、それを算出したサンプルによるということだ。いまのところ、教育年数のPGSを算出しているのは、西欧人の母集団からのサンプルである。試しにこの西欧人サンプルで算出したのと同じ方法をアメリカに住むアフリカ系の人たちに当てはめると、その説明率は3分の2に減ってしまう。これは知能にかかわるSNPの相対的重みづけや、ひょっとしたらSNPそれ自体が民族によって異なる可能性を示唆する。

とすると、日本人でいま同じような計算をすることができるのかが気になるだろう。現時点でもしやるとすれば、この西欧人の方程式に日本人の遺伝子検査の結果を当てはめるしかないが、やはり、西欧人ほどの説明力や予測力は持たないと思われる。日本人のためには日本人のサンプルから同様なデータを入手してGWASを行い、日本人独自の方程式をつくる必要がある。

いま日本で一番大きな遺伝子バンクは東北メディカル・メガバンク機構（ToMMo）であり、

２０１３年から岩手県と宮城県を中心として約15万人のサンプルが集められている。ここが東日本大震災を機に、住民の医療と健康のために始められたものであることからもわかるように、この規模のバイオバンクは社会的・政治的な要請があって初めて計画的に進められるものであり、一研究者や一研究機関が単独でできることではない。西欧と同じように知能や学力に関するＰＧＳを知りたいのであれば、同じように数百万人規模のＧＷＡＳデータを国勢調査と紐づける国家的事業を行えば、収入や職業の種類などの指標が手に入り、ＰＧＳは求められる。これはもう科学の問題というより政治の問題であり、社会的関心の問題である。つまり、そういう情報を国民として知りたいか知りたくないかの問題である。その意味では、われわれ一人ひとりが考えねばならない問題ともいえる。

ちなみに筆者はこれについて問われたら、研究者として単純に、遺伝子が日本社会全体でどのように働いているかを知るためという理由でこうした事業ができるならば賛成したいと思うが、みずから率先してやろうとは思わない。とてつもない労力がかかるというのももちろんだが、それを知ったうえで、その知識をどう用いるか、用いることができるか、用いられてしまうか、現時点では未知数だからだ。

4-2 教育年数PGSが描く世界

先に掲げた図4-1が示すように、教育年数のPGSの説明率は、サンプル数やDNAマイクロアレイのSNP検出数の増加とともに今後も増加する途上にあるので、2023年に出版される本書は、あくまでもその時点での報告にすぎない。そのことを前提として、今日の時点でなにが明らかにされているかをいくつか紹介していこう。

教育年数PGSは職業水準や収入に影響する

この教育年数PGSは、当然のことながら、対象者の学歴を的確に記述している。図4-6はPGSを10段階に区切って、それぞれの教育年数を大学卒業率で示したものである。2つの独立したサンプル（1973~1984年にアメリカで生まれた5526人のサンプル「Add Health」と、1905~1959年にアメリカで生まれた8546人のサンプル「HRS」）から算出されている。サンプルによって説明率はやや違うものの、得点が上がるごとに教育年数が

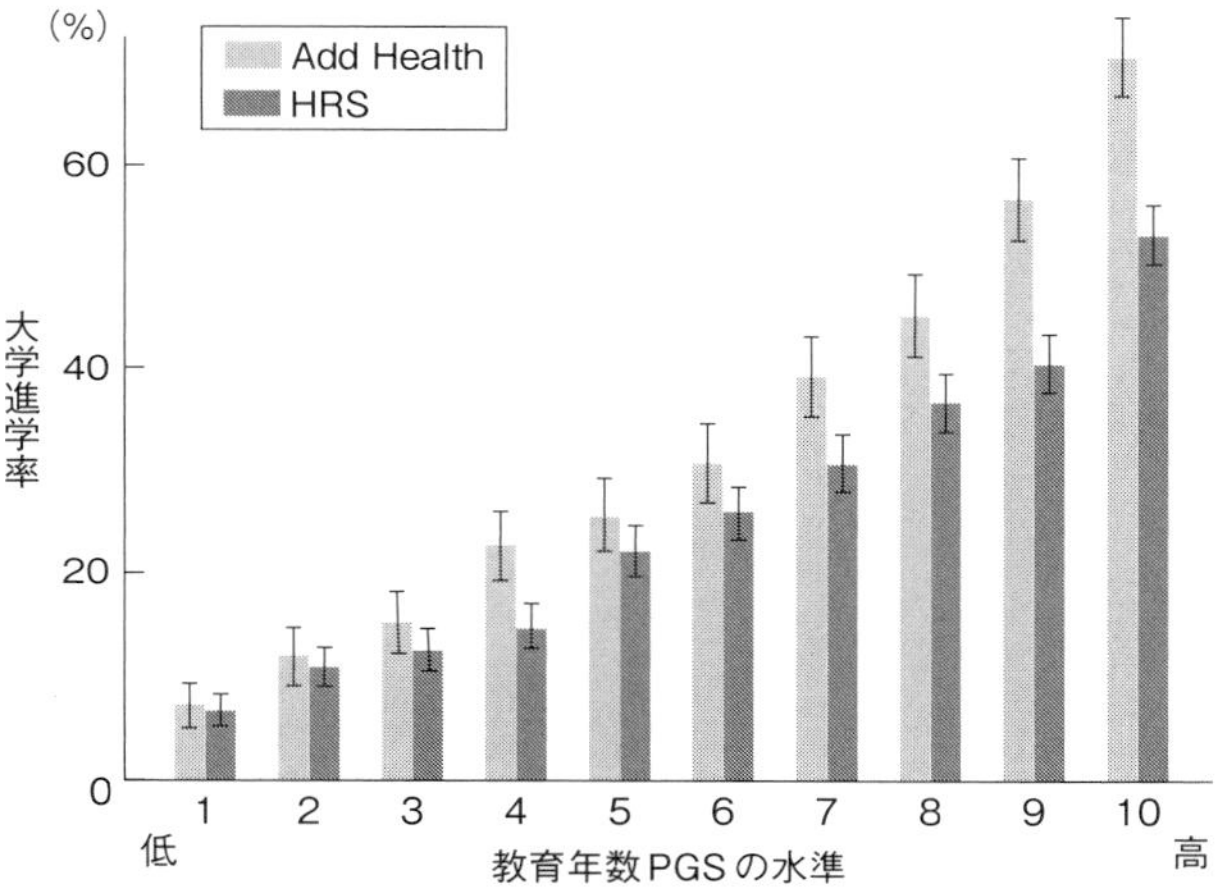

図4-6　教育年数PGSの水準と大学卒業率の関係
グラフの先端の線は95%の信頼区間（Okbay et al.（2022））

きれいに比例して増加しているのがおわかりいただけるだろう。ここには紹介しないが、同じようにPGSの段階が上がるにつれて、高校卒業率や留年率もきれいに増加、あるいは減少することも示されている。

教育年数PGSが個人レベルで算出できるようになると、社会格差の再生産と階層移動のような社会現象を、より具体的、かつ精緻に描き出すことができる。2018年の段階で、それまでに西欧圏の3ヵ国5ヵ所で独立に長期にわたって大規模な親子コホート調査が実施されていて、参加者の教育年数PGSが算出され、学歴や職業水準、収入との関連が報告されている（出典10）。

親世代と子世代のデータがそろっている

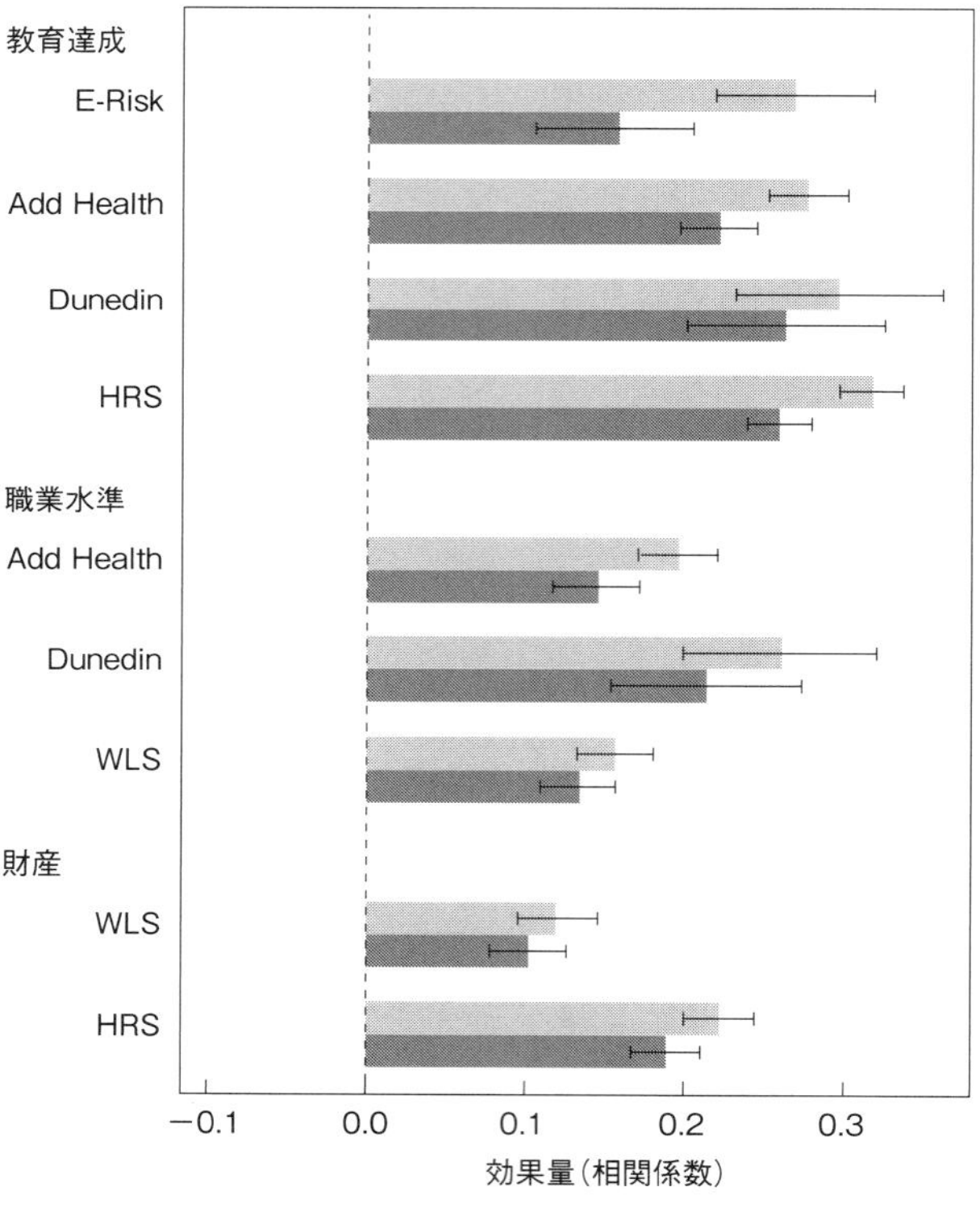

図 4-7　教育年数 PGS と教育達成・職業水準・収入、および親子間の社会的移動との関係

E-Risk : 1994〜 1995 年に英国とウェールズで生まれた 1860 人のサンプル
Add Health : 1973 〜 1984 年にアメリカで生まれた 5526 人のサンプル
Dunedin : 1972〜 1973 年にニュージーランドで生まれた 831 人のサンプル
WLS : 1925 〜 1953 年にアメリカ・ウィスコンシン州で生まれた 7111 人のサンプル
HRS : 1905 〜 1959 年にアメリカで生まれた 8546 人のサンプル
(Belsky, D. W. et al. (2018))
グラフの先端は 95%の信頼区間

ことから、それぞれの世代で教育年数ＰＧＳが学歴、職業水準、収入を説明するかどうかだけでなく、親の教育ＰＧＳが子どものＰＧＳと関連しているかどうかも見ることができる。とくに後者は、世代間における社会的移動を遺伝がどの程度説明できるかを示すものであり、その結果が図４－７である。コホートによって入手できるデータは異なるが、２本並んだ横棒の上がいずれも、それぞれの変数を教育年数ＰＧＳが説明する効果量（説明率）を示し、下の横棒は、親子間で移動した程度を教育年数ＰＧＳが説明する効果量を示している。説明率は相関係数にして０・１から０・３程度と、わずかではあるが統計的にはいずれも有意な値となっていて、これらの変数に遺伝の影響があることが証明されている。

この研究では、同じ家庭に育つきょうだいのデータがある場合は、きょうだい間の教育年数ＰＧＳの差が、そのきょうだいの教育達成（学力）、職業水準、収入の差に反映されるかどうかも検討されている。効果量は相関係数で０・１を少し超す程度ではあるが、やはり統計的には有意な影響があることが示された。

「親ガチャ」は正しいけれど

図４－８は、４つの独立したサンプルにおいて、それぞれ親の社会経済階層（ＳＥＳ）を高・中・低の３段階に分けたとき、子どもの社会経済指標や収入得点が、子ども自身の教育年数ＰＧ

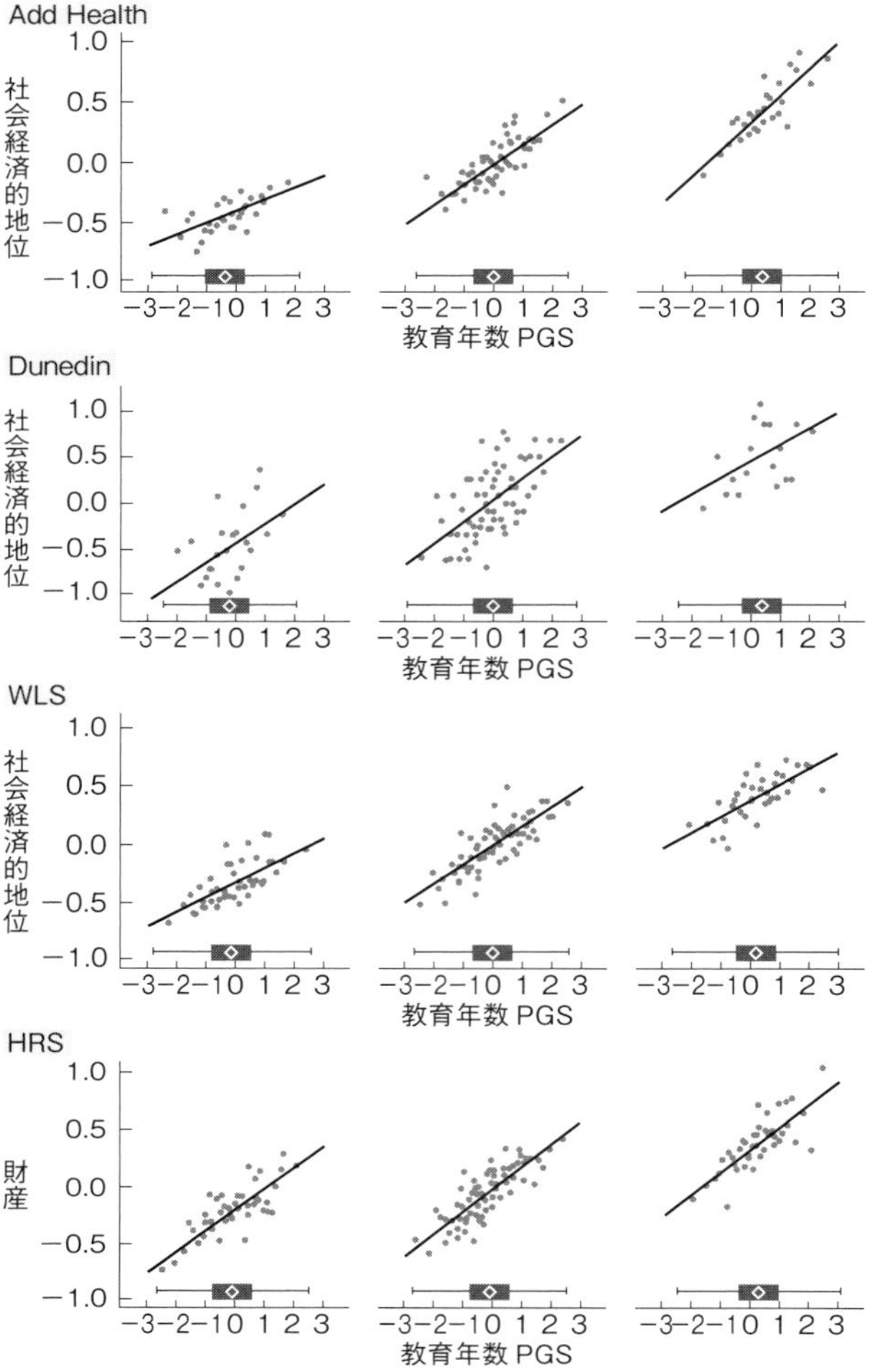

図 4-8　親の社会経済階層（SES）による子どもの社会達成と教育年数 PGS との関係（Belsky, D. W. et al.（2018））

Ｓとどのような関係があるかを示したものである。

いずれのサンプルにおいても、子どもの社会経済指標の全体を塊としてみれば、その平均値は親の社会経済階層が高いほど高い。しかも子どもの教育年数ＰＧＳは親の社会階層によってそれほど違わないことから、近年の社会学で指摘されている親の出身階層と子どもの社会達成との間の強固な関係、すなわち社会格差の再生産を描いているといえる。

しかし、親のそれぞれの社会階層ごとにみると、子どもの教育年数ＰＧＳは比較的広く散らばっており、それが子ども自身の社会達成にかなり強く関連している。つまり、低い出身階層であっても、そのなかで教育年数ＰＧＳが高ければ、ある程度高い社会経済得点を達成することができ、逆に高い出身階層にあっても、教育年数ＰＧＳが低いと、自分より低い社会階層の人たちに及ばない程度の社会達成しかできていないことを示唆している。

確かに、親の社会階層は子どもの社会達成を左右するという意味では、昨今の流行り言葉になった「親ガチャ」は正しい。だが、遺伝の影響はそれとは独立に個人差を生み、すなわち格差をシャッフルさせ、貧しい家庭に生まれても本人に遺伝的才覚があればのし上がれる（その逆もしかり）。図４－８は、そうした階層間移動のメカニズムを説明している。

なお、このデータソースには犯罪歴や反社会的行動の指標もあり、教育年数ＰＧＳはそれらとも有意な関連があることが報告されている(出典11)。そもそも教育年数、すなわち学歴は、２つの意味で社会的に機能しているといえる。一つは、実際に知識を習得していることやその知識を習得できる潜在的素質として、もう一つは、知識や能力そのものではなく肩書としてである。それらは互いにからみ合っているので分けて考えることはできないのだが、両者の合わさったものとして、学力のみならず、収入や職業水準といった重要な社会的変数にも、教育年数PGSは関連してくるのだろう。

「見つからない遺伝率」の問題

教育年数、ひいては知能に関連するSNPをDNAマイクロアレイで調べると、その塩基配列との対応が、すでにわかっているどの組織において発現量が多いかを知ることができる。つまり教育年数に関連する塩基配列が、具体的に、生体のどのような部位と関わって機能しているかが推定できるのである。これを「遺伝子アノテーション」という。その遺伝子がどんな生物学的な機能を持っているかを、対応づけて説明する、といった意味である。図4-9はそれをあらわしたもので、これらのSNP塩基配列は、海馬や大脳皮質、そして神経系などとたしかに対応しており、実際の脳機能的にも妥当性があることがわかる。また、教育年数PGSが脳の全表面積、頭蓋内容積、平均皮質厚といった全体的な脳皮質をはじめ、脳皮質のさまざまな測定値と学業成績との関係を説明することも示されている(出典12)。

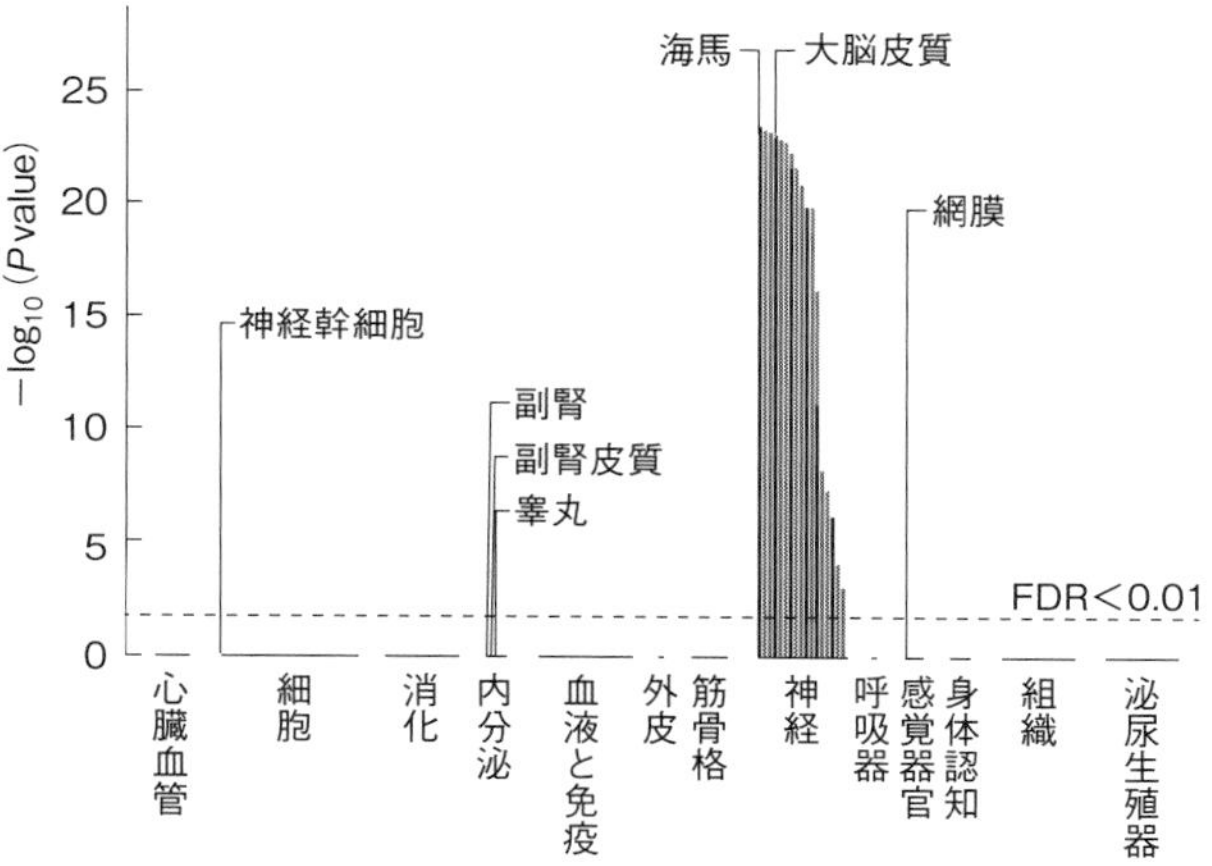

図 4-9　遺伝子アノテーション
教育年数に関連する SNP を発現させている器官と、その有意確率。横軸の FDR（false discovery rate）は偽発見率（Lee, J. J. et al. (2018)）

なお、ここでは知能や学業達成との関係をＧＷＡＳでみて、教育年数との関連が示された特定のＳＮＰから算出された、個人の教育年数ＰＧＳの説明率について紹介してきた。これはいわば「名前のあるＳＮＰ」を用いた分析である。しかし、そもそも関連のあるＳＮＰの位置を特定せず、すべての塩基配列の個人間の一致度と教育年数との相関から、遺伝率を算出することもできる。要するに、双生児法で一卵性の間の遺伝の一致度を１００％、二卵性の一致度を50％として遺伝率を推定するというロジックを、任意に組み合わせた二人の間の塩基配列の一致度にまで一般化させて、それと表現型との相関から遺伝率を算出するという手法である。

PGSからの表現型の説明率を「PGS遺伝率」とよぶのに対して、SNPの類似性から算出する遺伝率を「SNP遺伝率」とよぶ。すると、教育年数に関するかぎり、PGS遺伝率よりもSNP遺伝率のほうが大きく、双生児遺伝率50%に対して、約半分の25%の分散を説明できることも示されている(出典13)。

このように、双生児法が古典的な手法によって集団レベルで描いてきた行動遺伝学の発見が、具体的な遺伝子や塩基配列のレベルからも再確認される研究が相次ぐことで、あらためて双生児研究の意義が見直されているといえよう。

しかし、双生児法で推定する双生児遺伝率に比して、PGS遺伝率やSNP遺伝率が小さく、その差分を説明する原因が依然としてわからないという「見つからない遺伝率(missing heritability)」問題は残る。これについては、サンプル数やDNAマイクロアレイの検出数をさらに増やし、とくに超大規模サンプルがないと検出しづらい非常に頻度の低い、しかしあれば効果量の大きいレアバリアント(まれな遺伝子)を探し出すなど、遺伝と環境の、あるいは遺伝子どうしの間の複雑な交互作用を検出する手法をつくり出すことで埋まってくるのではないかと言われている。ただ、最も単純な遺伝子間交互作用、いわゆるドミナンスを、こうした大規模なSNPのサンプルで検討しても、その効果量は絶望的に小さいと報告されている。

私は最近、一卵性双生児それぞれのライフヒストリーを聞き取って比較している。その様子をみると、これまでの量的研究が示すように、パーソナリティや趣味、関心などさまざまな心理的形質の類似性を双生児きょうだいの間に見出すことができて、大変興味深い。ただ、さらに興味深い発見は、そうした心理的特性がただ単発に独立して類似しているだけでなく、たとえば趣味や得意なことが類似していると、それが誘発するさまざまな人生体験も、それに引き込まれて似てくる傾向があるように思われることだ。

そうすると、一時点における単一の心理的形質についてからのみ突きとめられたＳＮＰでは把握しきれない、トータルな人生経験の連鎖によって形成される心理的特性が、一卵性双生児間に高い類似性を、また二卵性でも一卵性ほどではないが類似性を生むのではないかという予感がしている。それが「見つからない遺伝率」の原因となるのかもしれない。

第４章　出典

出典１ Benjamin, J., Li, L., Patterson, C., Greenberg, B.D., Murphy, D.L., & Hamer, D.H.（1996）Population and familial association between the D4 dopamine receptor gene and measures of Novelty Seeking. Nature Genetics, 12, 81 - 84. / Ebstein, R.P., Novick, O., Umansky, R., Priel, B., Osher, Y.,

Blaine, D. et al. (1996) Dopamine D4 receptor (D4DR) exon III polymorphism associated with the human personality trait of Novelty Seeking. Nature Genetics, 12, 78 - 80.

出典2 Lesch, K. - P., Bengel, D., Heils, A., Sabol, S.Z., Greenberg, B.D., Petri, S., Benjamin, J., Müller, C.R., Hamer, D.H., & Murphy, D.L. (1996) Association of anxiety-related traits with a polymorphism in the serotonin transporter gene regulatory region. Science, 274 (5292), :1527 - 1531. doi: 10.1126/science.274.5292.1527

出典3 Chabris, C. F., Lee, J. J., Cesarini, D., Benjamin, D. J., & Laibson, D. I. (2015) The fourth law of behavior genetics. Current Directions in Psychological Science, 24 (4), 304 - 312. doi: 10.1177/0963721415580430

出典4 Chorney, M.J., Chorney, K., Seese, N., Owen, M.J., Daniels, J., McGuffin, P., Thompson, L.A., Detterman, D.K., Benbow, C., Lubinski, D., Eley, T., & Plomin, R. (1998) A quantitative trait locus associated with cognitive ability in children. Psychological Science, 9, 159 - 166.

出典5 Rietveld, C. A. et al. (2013) GWAS of 126,559 individuals identifies genetic variants associated with educational attainment. Science, 340, 1467 - 1471.

出典6 Okbay, A. et al. Genome-wide association study identifies 74 loci associated with educational attainment. (2016) Nature, 533, 539 - 542.

出典7 Lee, J. J., Wedow, R., Okbay, A., Kong, E., Maghzian, O., Zacher, M., Nguyen-Viet, T. A., Bowers, P., Sidorenko, J., Linnér, R. K., Fontana, M. A., Kundu, T., Lee, C., Li, H., Li, R., Royer, R., Timshel, P. N., Walters, R. K., Willoughby, E. A., ... & Cesarini, D. (2018) Gene discovery and polygenic prediction from a genome-wide association study of educational attainment in 1.1 million individuals. Nature Genetics, 50, 1112 - 1121. doi: 10.1038/s41588-018-0147-3

出典8 Plomin, R., & von Stumm, S. (2018) The new genetics of intelligence. Nature Reviews Genetics, 19 (3), 148 - 159. doi: 10.1038/nrg.2017.104

出典9 Okbay, A., Wu, Y., Wang, N., Jayashankar, H., Bennett, M., Nehzati, S. M., Sidorenko, J., Kweon, H., Goldman, G., Gjorgjieva, T., Jiang, Y., Hicks, B., Tian, C., Hinds, D. A., Ahlskog, R., Magnusson, P. K. E., Oskarsson, S., Hayward, C., Campbell, A., ...& Young, A. I. (2022). Polygenic prediction of educational attainment within and between families from genome-wide association analyses in 3 million individuals. Nature Genetics, 54, 437 - 449. doi: 10.1038/s41588-022-01016-z

出典10 Belsky, D. W. et al. (2018) Genetic analysis of social-class mobility in five longitudinal studies. Proceedings of the National Academy of Sciences, 115, E7275 - E7284. ／この研究では以下の5つのコホートサンプルが扱われている。

出典11 Wertz, J., Caspi, A., Belsky, D.W., Beckley, A.L., Arseneault, L., Barnes, J.C., Corcoran, D.L., Hogan,

S., Houts, R.M., Morgan, N., Odgers, C.L., Prinz, J.A., Sugden, K., Williams, B.S., Poulton, R., & Moffitt, T.E. (2018) Genetics and crime: Integrating new genomic discoveries into psychological research about antisocial behavior. Psychological Science, 29 (5), 791-803. doi: 10.1177/0956797617744542

出典12 Mitchell, B. L. et al. (2020) Educational attainment polygenic scores are associated with cortical total surface area and regions important for language and memory. NeuroImage, 212. doi: 10.1016/j.neuroimage.2020.116691 / Merz, E.C., Strack, J., Hurtado, H., Vainik, U., Thomas, M., Evans, A., & Khundrakpam, B. (2022) Educational attainment polygenic scores, socioeconomic factors, and cortical structure in children and adolescents. Human Brain Mapping, 43, 4886 - 4900.

第5章

遺伝子と社会

5-1 遺伝的に正しい社会とは

あえて「正しさ」について考える

第1章、第2章で行動遺伝学の理解を下支えするための遺伝子の世界観や能力観を、そして第3章、第4章では最新の行動遺伝学の成果をご覧いただいた。これらの世界観とエビデンスを持った筆者がいま、心に抱くのは、一組の卵と精子に偶然ばらまかれた遺伝子から発生し、偶然生まれ落ちた世界の中で生きねばならない生物としての、ヒトの息苦しさを何とかしたいという思いである。それは、遺伝子の働きが正しく理解されていないことからくる息苦しさである。

世の中では一般に、疾患や能力やパーソナリティに遺伝的な理由でなにか問題があると、遺伝のほうを悪とみなして、その状態を薬物や教育や、あるいはゲノム編集による遺伝子改変を施してまでも、環境に合わせようとすることを善と考えがちである。遺伝はタブー視されがちなのだ。しかし、長年にわたり行動遺伝学研究に携わり、本書で紹介したように、人間の心的機能にも遺伝の影響が隅々にまでさまざまな形で表れているというエビデンスにさらされ続けていると、人間観のコペルニクス的転換を余儀なくされる。悪いのは遺伝子ではなく、環境のほうが遺伝子に適応できていないのだ、と。

膨大な遺伝子が生み出す遺伝的多様性は、社会の中ではしばしば、さまざまな格差となって、人々に生涯にわたり苦しみを与えつづけている。では、どのような遺伝的条件に生まれても、許容しがたい格差や差別を経験することなく、正しく扱われ、正しく成長の機会を与えられ、正しく社会の中で生きることのできる居場所をもち、あるいはそうした機会や居場所を探求しつづけることのできる社会とは、どのような社会だろうか。

たとえば遺伝的疾患や障害を持っていたり、いまの社会に適応するには不利な能力的・性格的特徴を持っていたり、逆に、あまりにも突出して優れた資質を子どものころから発揮してしまっていたり、あるいは、いずれの方向にも特筆するほどの特徴を持たず、何が得意で何が好きなのかもはっきりわからないままであったり、などの遺伝的特徴をそのまま隠さずに生きることができ、他者にもそれを受け入れられて、肯定感を持って一生をまっとうできるような社会は、どうしたら成り立ちうるのだろうか。

科学はふつう、価値中立であることが求められており、このような「正しさ」について考えることは、科学者としてふさわしくない越権行為であるとされている。しかし、こと遺伝に関しては、優生思想や差別意識、格差問題といった、「正しさ」に関わる問題に結びついてきた歴史があり、現在でもなお結びつきやすい。にもかかわらず超然と「科学は価値中立であるべき」という立場にとどまっていることはできないのではないだろうか。この最終章では、これまで明らかにしてきたような行動遺伝学的な人間のモデルに則って、あえて「正しさ」について考えてみたいと思う。

優生学的ユートピアの思考実験

仮に、全ゲノム上の塩基配列の生物学的機能がすべて解明され、どのタンパク質がどのようにコードされ、生体の中でどのように発現されるかのアノテーション（注釈づけ）が確立し、さらに、どのような環境下であれば、どのようなメカニズムで遺伝情報が発現して、それが身体にどのような影響を及ぼすか、エピジェネティックな変化がもたらす効果も含めてすべてわかったとしよう。さらに、ゲノム上のどの部位でもゲノム編集がだれにでも安価で可能になり、そこに貧富の格差による不平等は生じないとしよう。また、遺伝的に恵まれない人々による不条理の正当な訴えと、遺伝的に能力のある人たちによるその解決のための創意工夫が繰り返され、ロールズ的正義（遺伝的に恵まれた人は社会で最も恵まれない人の状況改善のためにその遺伝的賦存《ふぞん》を用いることが正義だとする考え方）がつねに働き、サンデル的な共通善（個人を超えた共同体の利益や幸福を第一義とする考え方）が万人に行き渡る社会になっていたと仮定しよう。

　そして、そのために行動遺伝学や分子生物学の科学的成果を最大限利用し、ヒトの「善性」とよべるものを、考えうるすべての「遺伝的に善い」ものに置換しつづけたとしよう。それは単に「高い知能」や「優秀な技能」「美しい容姿」「健康な体」だけではなく、たとえば他者を思いやり、利己心を適切に調節し、共通善のためにできる仕事に従事し、標準化された一般能力や知識は自然な学習で得られ、誰もが正しく用いることができると考えよう（ひょっとしたら脳チップを埋め込むことでそれが促進されるかもしれない）。とにかく全ゲノム情報と、表現型に関するビッグデータさえ入手できれば、およそどんな能力や非能力についてもＰＧＳが算出でき、その人の遺伝的資質があらかじめ予測でき、それに合わせて学習環境と生活環境を選ぶことができ、さらにはその人の生き方、すなわち行動までもおのずと選択できるようにすることは、理論的にも技術的にも可能なはずである。

　加えて社会状況も、ＡＩによる情報処理をはじめあらゆる科学技術が、宇宙にまで広げた生態系におけるあらゆるシステムを把握し、国際間の資源争いやイデオロギー対立は「善い」遺伝的資質が行き渡ることによって消滅したというところまで仮定してしまおう。

　もちろん、人類史がそこまでたどり着く前に、人類そのものが滅びてしまう可能性も高い。いまだに自国のエゴを正当化して他国を侵略する行為がまかり通る世界情勢を見れば、状況は必ずしも楽観的ではない。ＡＩの情報処理容量がいくら大きくとも、宇宙のシステムには全要素についてすべての可能性をシミュレーションすることなど不可能なほどの多様性があり、ヒト一人の自然知能の処理容量は哀しいほど小さい。ヒトがつくったものなど、そのシステムのなかでは局所的な改変にすぎない可能性が高い。局所的改変は、システムになんらかのゆがみを生み、予想もしなかったところに問題点や障害を生じさせる可能性が高い。そしてその障害は、ひょっとしたら生態系を完全に破壊し、もはや修復不能のカタストロフィーを招くことも考えられる（プーチンという心的資質と、それに従う遺伝的資質をもった人たちに独裁を許したロシアは、いままさにそのカタストロフィーの奈落に真っ逆さまに墜落しようとしている。本書が刊行されるとき、世界はどうなっているのだろう）。

しかし、それらすべてを奇跡的に首尾よく回避し、これまでの人類史がそうだったように、あらゆる困難を果敢に乗り越えて、ひとつの理想的な状態になったと仮定して、そのときどんなことがその社会で起こるか、思考実験をしてみよう。

まず、そのときの遺伝的変異が、唯一のパーフェクト人間（これを〝ゲノミック・イブ〟と呼ぼう）のクローンに統一され、すべての人が遺伝的に同一になっている場合と、適度な個人差が存在している場合が考えられる。だが生物は必ず多様性を内包しつづけるので、ゲノミック・イブは現実的ではない。むしろ「適度な遺伝的多様性」によって能力・非能力の個人差が適度に維持され、人々はそれを愛すべき個性として尊重するだろう。もしも個性的な行動によって予期せぬ問題が生じたら、その解決にあたる人たちはそこに社会の「闇」があることに気づき、つねに穴を埋めつづけながら社会を前よりもよくしていくだろう。その「闇」が、生物学的資質に由来するのであれば、適度な範囲内でのゲノム編集によって問題のある塩基配列を標準的なものに、あるいはよりよいものに置き換え、また、それが知識の不足や、知識の運用の不適切さによるものならば、適切な学習ができる機会と環境を社会が用意するだろう。

そうした対症療法を繰り返していくうちに、やがては、誕生してくる誰にとっても、適度に穏やかで満足できる範囲の多様性で全世界が埋め尽くされ、ヒトとしての生物多様性、つまり適度な遺伝的変異がある形が維持されつづける社会が実現するだろう。そのような社会では、背後にきわめて高度な知識と技術が、高度に秩序だったネットワークにおいて働いているものなので、なんらかの不具合はつねに生じうるが、危機の予感はつねに検知され、暴走しないようコントロールされる。そうした技術的、法的な整備は、つねにその時代の重要な仕事として残りつづけるだろう。この世に生まれ落ちた人々は、一方では高度な「快」や「美」や「真」などの文化を誰もが享受しながら、もう一方ではそうした問題解決のために、謙虚に誠実に利他的な労働に従事し、それ自体が誇りと喜びを人生に与えてくれるようになるだろう。

その結果として、人生において生まれてから死ぬまで、自殺や社会への報復をしたくなるほどの不幸を味わうことなく、個人的な悩みもある程度の時間をかけて試行錯誤すればいつか必ず解決できるチャレンジングなパズルのようなものと化して、あらゆる人間が適度な範囲の「努力」をともなう「波乱万丈」の人生を謳歌できる。そして、もうそろそろいいかなと思ったときには苦痛なく生を終えることも、生き延びたければ、老化せず、永遠にすら生きつづけることもできる。その人数も予定調和的にバランスがとれ、深刻な人口増大を起こさずにすむ――。そんな時代が永遠に続くと確信できる社会が実現するだろう。

はたしてこれは、荒唐無稽な空想にすぎるだろうか？　いや、よく考えてみると、もしかしたら現時点でもかなりのところまで、これらは実現できているのではないだろうか？

なぜなら、こんなことを想像できてしまう時点で、それは世界のどこかである程度なされていたことがモデルとなり、そこからちょっと先を想像しているにすぎないと考えられるからである。たしかに国際紛争や戦争の危機は依然として存在している。だが、いまの世界は、遺伝的資源の予測やコントロールはいまだできなくとも、少なくともその方向に向かいつづけている。そのため、かつては小さな不幸だったことが、相対的に大きな不幸として認知されるようになっているではないか。

幸福の追求は結局のところ、賽《さい》の河原、「逃げ水」を追いかけるにすぎないのだと私は思う。

この考えは、私の主観や主義の問題ではなく、実現されていることについての、事実認識の問題である。ゲノム編集による人類の遺伝資源の改変には、理念や主義からいえば、断固反対である。先に述べた、その途中で生ずるであろう困難に苦しむ可能性のほうが高いと予想されるからだ。しかし、仮にそれらがすべて乗り越えられ、新しき人の世（超人世？）になったとしても、実はいまとそんなに変わらないのではないだろうか。実はいまのままでも、われわれは十分にまともなことをしているのではないだろうか。そんな保守的な主張を、私は展開しようとしている。そう、正しい世界はまだ実現していないのではなく、いまのままで正しいのだ。

そう主張する根拠は、これまで述べてきたような意図的で理想的な人為淘汰と同じことは、すでに自然淘汰が何十億年もかけて成し遂げてきているからだ。しかもそのうえで、いま世界中の人たちが人為淘汰を世界のあちこちで行いつづけているからだ。その証拠に、世の中には悲惨なことも多いかわりに、心を打たれる人々のふるまいや、心を和ませてくれる文化も、日々感じることができる。それは、すでにいまの社会にも、隅々にまでつねに人の善性が働いていることの証拠であろう。

「自立性を育てる教育」は必要か

では理想の社会では、遺伝的多様性に対して、公的な制度――政治、経済、医療、そして教育などの制度――はどのように機能することが正しいのだろうか。この場合、公的とは必ずしも国家が提供するものとはかぎらない。国家を超えた国際的な機関である場合もあれば、企業やNGO（非政府組織）、NPO（非営利組織）のような公的組織の生み出したしくみもあれば、もっとずっとローカルなレベルであるかもしれない。いずれにせよ、複数の個人が協働でかかわる社会集団には、すべて公共性がある。ここではとくに、教育の公的な制度について必要な条件を考えてみよう。

いま、「自立した人間」を育てることが、教育の新しい目標となっている。しかし、自立性の発動のしかたには、他のあらゆる心理的形質と同じように、遺伝的多様性がある。人間は自立的なほうがいい、これを次の時代の教育目標にしよう、と考える背景には、いまこの社会に存在する「遺伝的に自立的な人たち」のふるまいを見て、あのようになれば、グローバル化した複合的で流動的な社会では誰もが直面する「新しい課題」に対して、決まりきった正解を求められるだけの教育に慣らされた人たちよりも、よりよく適応し、立ち向かえるはずだという期待があるのだろう。そして、みんながそのような教育を受ければ、社会全体において自立性の平均値が高まり、その分散も減少し、みんなが足並みそろえて「自立性の高い人」になれるのではないか、と考えられているのだと思われる。

しかしこれは、知識偏重といわれていた旧教育観において教育目標に掲げられていた「知識」が、いまのOECDや文部科学省がスローガンとして掲げる「自立性」「コンピテンシー（注1）」、

「資質・能力」に置き換わっただけにすぎない。おそらくその教育が行き渡ったときに予想されるのは、その社会にも相対的には、遺伝的に自立性の高い人と低い人のバリエーションは存在し、相対的に自立性の高い人がよりよく適応できるという構図そのものは変わらないということだ。いや、それでも以前と比べれば、決まりきった知識の使い方に拘泥せず、これまでになかった新しいアイデアを自分の力で出す、あるいはそう努力する人たちは増えるだろう、だからそういう教育をする意味があるという主張はできるかもしれない。（いまでもまともな先生ならしているであろうが）知識をちゃんと「正解」として定着させ、先人の考えた「正解を導きやすい考え方」も定型として伝えたうえで、これまで誰も考えつかなかったアイデアを出すことも奨励されるようになるかもしれない。そして遺伝的により自立性の高い人たちのパフォーマンスを見たり、その考え方を教えてもらうことによって、遺伝的に自立性の低い人たちも、自分の能力をより高く発揮できるようになるかもしれない。

と、いまの新しい教育スローガンを最大限に評価し、できるかぎりよい結果を想像してみたが、これは実は、これまでも十分に実現できているのではないだろうか。なぜなら、これまでだって日本のノーベル賞受賞者数は、アジアではダントツの1位であり、21世紀に入ってからは世界でもアメリカに次いで2位である。スポーツや芸術の分野でも、世界最高ランクに位置する業績をあげる個人が少なくない。アフガニスタンで凶弾に倒れた中村哲《なかむらてつ》氏のように、国際社会で際立った社会貢献に尽くす人や組織も数多く存在する。海外旅行をすれば、日本の都会の清潔さ、時刻表どおりにちゃんと来る鉄道・バスの正確さ、どんな田舎町にも必ず一軒はあるおいしいラーメン屋（これはあくまで独断と偏見であるが）は、世界に冠たるものと実感できる。これらはみな、従来の、いわゆる「自立性を抑圧し、自分の頭で考えることをさせようとしなかった欠点だらけの日本の教育制度」の中で、日本人が生み出してきた成果である。

にもかかわらず、さらに貪欲に「よりよい教育」が望まれ、「より自立性を」と謳われ、教育現場の人々がそれに走るばかりに、知識の定着がおろそかになり、いままでできていたこともできなくなる人たちが相対的に増えているのが、いまの公教育の現場ではないだろうか。

公教育の世界は、このようにスローガンが先行し、「新しいなんちゃら」の旗をちらつかせることの繰り返しである。そのスローガンを必死に誠実に真剣に概念化し、そのためのより効果的な教育方法を考案して、お金もつけて実施する。わが国はたぶん、そのようなことにとてもエフォート（努力、奮闘）を費やしている国の一つだと思われる。そして、そのエフォートがどのような結果を実際にもたらしたかについては、けっして検証されることはない。だから対立仮説、つまり、ひょっとしたら本当はそちらのほうが正しいかもしれない別の仮説を立てて比較するという視点も持たない。

本書がこれまでに論じてきたことに従えば、学習者にも教育者にも、それぞれに遺伝的資質の多様なバリエーションがある。であるならば、それぞれに、自分にフィットした感覚を持てる科目や領域や対象、学習方法や教授方法、学習環境や教育環境があるはずである。それがいまは見つけられないとしても、少なくともいま自分が取り組んでいる学習の内容や方法、あるいは教えようとしている知識やその教授方法について、自分にとってはこのほうがいい、これは苦手だ、という感覚はつねに感じているはずだ。

もちろん日々こなさなければならないカリキュラム、学校での生徒間や教師間の人間関係、教育委員会や文部科学省の意向などなどに忙殺されているときは、それに自分を合わせることで必死だろう。そのようなときの脳は、実行機能をつかさどる前頭頭頂ネットワーク（→図３－21）がフル回転していて、そんなフィット感に気づきもしないことが多いかもしれない。しかし、自己をつかさどるデフォルト・モード・ネットワークは、そうしたときでもつねに、フィット感を検知している。トイレに入って一人きりになって用を足すときに、夜になって布団の上で少しでもぼーっとできたときに、外界からくる刺激をすべてシャットアウトして、ふと自分自身の心身に頭を向けると、学習者として、教師として、自分にもっとフィットしたあり方を空想（予測）することはできるのではないか。

何をやっても成績の伸びに結びつかない、うまくいった気がしない、手ごたえをまったく感じられない、といった八方ふさがりになることは、人間誰にでもある。それが最も深刻なとき、人は自死まで考える。それはたしかに、ある意味で現実的な解決策だ。しかしその前に、現実逃避でもよいので、「本当はこうだったらいいのに」ということに思いをはせ、空想してみることはできないか。そのイメージが持てるのであれば、そこには、その人がこれまでに蓄積してきた経験が脳内につくり出した世界のモデルが反映されているはずである。そして、それといまの自己像モデルとのギャップを、少しでも小さくするヒントが潜んでいるはずである。自分のやり方を変えてみてもどうしてもフィット感を得られず、これから先に予想される学習内容、学習環境、教育方法や教育環境が実現されそうもないと思ったときは、その空想（予測）を膨らませてみることも、現状を受けとめる手がかりになるのではないだろうか。これは教育の場面に限らず、あらゆる社会的な営みに対して当てはまることだと思う。

5-2 遺伝子と人格

「遺伝」はパンドラの箱か

遺伝は個人の人となりの全体をつくりあげる「人格」の一部である。少なくとも個体発生の過程では外生変数であり、外部性をもたない。

生まれつきの性質や素質があるというのは、ありきたりの事実である。にもかかわらず、それについていつのころからか語られなくなった。プラトンはその著作『国家』で、人には金、銀、銅や鉄に生まれてきている人がいるというところから国家を考え、その生まれつきの「向け変えの術」が教育だと唱えた。アリストテレスはものごとには４種類の原因、すなわち形相因（それは何であるか）、起動因（なぜ動くのか）、質料因（何でできているのか）、目的因（何のためにあるのか）があるといったが、遺伝要因は目的因以外のすべてに当てはまる。とくにセントラルドグマに従えば、一個の生命体がこの世に誕生した起動因がＤＮＡ情報である。また、その人の気質や能力がどのような形をとるかに遺伝の影響があるということは、それが形相因であることを、そしてＤＮＡがタンパク質に転写されて生命体をつくっているということは、それが質料因であることを意味する。環境説の先駆けといわれるロックも気質の遺伝的個体差を認めていたし、現代教育哲学の代表者デューイだってルソーの自然人（これこそ遺伝を尊重する思想である）をふまえながらも、ルソーが自然＝遺伝に目的因まで想定したことを批判し、自然がヒトと事物と協同してこそ教育が成り立つと語っている。

多くの人が社会の中できちんと生きている。学校の成績が悪いことなど、社会に出ればたいした問題ではない。学力の個人差などとるに足らない問題である。問題があるとすれば、学歴でレッテルを貼られ、チャンスが奪われること、そして、社会に適切に位置づけられるための学習（それは資格や技能を取得することだけではなく、世の中のしくみを自分に合わせて利用するための知識も含む）の機会が奪われていることだろう。

いまのところ、教育や政治の議論には、遺伝的個人差を考慮する気配はない。非常に大きな格差要因の一つであるが、それは収入格差や地域格差のようには目に見えず、また、仮に明らかにしても、政策による制度設計で改善する道筋を思い描きづらく、むしろ対処不能感に襲われ思考停止になって、そんな格差があることは知らないほうがよかった、という考えに至りがちだからだ。そして能力や収入に関わる単独の遺伝子はない、などの理由で、遺伝否定論、あるいは遺伝不可知論に与し、誰もがひたすら既存の教育環境のなかで学習の努力をどこまでも続けることが奨励される。

もちろん遺伝のことがわからなくとも、今日やるべきことはたくさんある。われわれは環境によってアクショナブル（対処可能）にコントロールできるものを、優先的に取り込もうとする。それはそれでよい。経済格差や地域格差はなくすべきだ。そこにすら遺伝要因は関わっているであろうが（賃金の高い職業の職能を獲得できるか、職業に見合った産業によって住む地域が左右されるかなどによって）、それでも自由を阻む制度制約は取り除くべきであることはいうまでもない。

では、遺伝に光を当てることはタブーでありパンドラの箱を開けたことになるのか。

顔立ちを決める単独の遺伝子はなくとも、顔立ちは遺伝的であるのと同じように、能力に影響を及ぼす単独の遺伝子などなくとも、ポリジーン全体が影響するという意味で能力は遺伝的である。そしていまや、ポリジェニック・スコアが遺伝的資質を個人レベルで予測できるようになり、理論的にはどのような能力や非能力であっても、それが測定され、大量のサンプルとＤＮＡデータとして入手できれば、説明と予測が可能になった。もはや不可知論に安住することはできない。まずは現象を理解することが先決である。遺伝を白日《はくじつ》の下《もと》にさらし、その機能を知ったうえで、時間をかけて環境の設計をすべきなのではないか。

人間を救うのは自然の能力

遺伝に光を当てるとは、決して一人ひとりの遺伝的資質を将来にわたって完全に「予言」し、それにもとづいて人の人生を設計することではない。ましてや遺伝情報に価値づけして選別や差別をしたり、ゲノム編集などの技術で操作したりすることではない。それは、環境要因から説明されない生命独自の駆動因の力が、個人と社会のダイナミズムの根底に自律的に働いているという認識をもつことである。

その内的な起動因の方向性が、社会的な文脈とそこからくる要請に適合すればするほど、その人の能力は「才能」として認知されやすくなる。他方、適合度が中程度ならば「凡庸な」能力の人として、そこそこの評価をされて生きていくことになる。多くの人の状態はこれだろう。しかし、適合度が低いと環境適応がしづらくなり、「能力が低い人」と評価されたり、本人がストレスを感じ、不全感を覚えたりする。

なぜタブー視されがちな「遺伝」にわざわざ光を当てようとするのか。それは、生命にとって出発点となるこれほど重要な情報源が、人間の心理や行動やそれが生み出す社会を考えるときに、不当に無視され、そして誤解され続けてきたからである。たしかに遺伝は、能力の個人差と、それが引き起こす社会的格差の原因となっている。そして、それを解決するすべを人類は思いつくことができてこなかったから、当面ないことにしているのである。それは言い換えれば、遺伝が原因であれば差別してもよい、差別されてもしかたがないという優生思想が、人々の心の奥底に眠っていることを意味する。もし本書を読んで心がざわざわするとしたら、まさに心の底に眠る内なる優生思想を掘り起こされたからだろう。これはあなた自身の手で克服しなければならない人類の課題だ。本書はそれをあなただけの手でなく、これを読んで同じことに気づいた人たちどうしの手を結びつける力になってくれるだろう。

だが、遺伝を白日の下にさらそうとすることには、もうひとつの積極的な意味がある。それは人間の世界を本当に救ってくれるのは、確固とした遺伝的素質から生まれ出た「自然の能力」であって、環境や教育によって人為的につくり出されたものではありえないという、漠然とした、しかし確固とした確信があるからだ。なぜ人類を救い、奮い立たせ、感動をよびおこす業績を、逆境にもめげず、使命感につき動かされながら、一生の仕事として成し遂げてくれる人たちが後を絶たないのか。どうしてあなたは、昔からなにごとかにこだわり続け、それを失ったら自分ではなくなると思うほどの何かを心に抱き続けているのか。これについて明確なエビデンスはないが、行動遺伝学の知見から憶測されるのは、それがあなたの遺伝子に由来するからだろう。

遺伝子は一生涯、あなたの心をあなたらしい形で自動運転しつづけている。それはまず、その人の内側からいやでも湧き出し、湧きつづけてしまう夢として立ち現われる。そして、それを実社会の中で形にする道を模索する道しるべとなりながら、何かを生み出しつづけ、その生み出されたものが、同じ社会を生きる人たちに、なにか幸福と夢を抱かせてくれる。人類の歴史はそのようにして紡がれてきており、これからも紡がれつづけていくだろう。人間の心と能力が40億年の来歴を持つ遺伝子の影響を受けているという事実は、人間そのものを信ずる確固とした根拠となるはずである。

第5章　注

(注1) 単なる知識や技能だけではなく、技能や態度を含むさまざまな心理的・社会的なリソースを活用して、特定の文脈の中で複雑な要求（課題）に対応することができる力
(https://www.mext.go.jp/b_menu/shingi/chousa/shotou/031/toushin/attach/1397267.htm)

おわりに

遺伝について語ること自体をタブー視する風潮は、依然として根強いものがある。教育現場で「学力は遺伝だ」などと言うと生徒が勉強する気をなくすので、言ってはいけないことになっている。結婚話が出たときに家系に精神障害者がいることを隠そうとするという話はいまでもよく耳にする。里子を預かる里親に、行政がしばしば実親の情報を伝えたがらないのは、里心がつかないようにという配慮以上に、子どもをみずからの手で育てられなかった実親の持つ社会的に不適応なさまざまな行動傾向が、子どもに遺伝的に伝わっていると里親に思ってほしくないことからくるようだ。かくして遺伝は、パンドラの箱の中にしまい込まれたままである。

だから本書は、パンドラの箱を開けてしまったことになるのかもしれない。

しかし開けてみて、どう思われただろうか。確かに悲観的に受けとめたくなる事実もある。それでも、知らないままでおびえるよりも、知って受けとめたうえで、なんとかする態度や方策を考えることのほうが健全であると、感じてはいただけなかっただろうか。

行動遺伝学を用いないと、行動に及ぼす遺伝の影響について、これだけ精緻にその姿を描くことはできない。そのためには遺伝をタブー視し、思考停止に陥るのではなく、それを白日の下に引きずり出して、そのメカニズムを理解し、それに立ち向かう必要がある。そうしなければ、遺伝が引き起こす問題についてきちんと対処する方策を考えることができず、学力格差や経済格差、障害者に対する差別など、遺伝が原因となって引き起こす問題が放置されたままになる。残念ながら、いまはまだそのような状態だ。

必要なのは、やはりしっかりとした倫理的態度である。学力や精神疾患に遺伝がかかわっていることを知ったときに、その人をひそかに軽蔑したり、憐れんだり、差別する根拠として用いてよいという非倫理的態度があると、世の中は苦しいものになる。そこにあるのは、自分が遺伝的には問題がないとか優れていると思っていられる人の傲慢さである。膨大な遺伝子が心理的形質のあらゆる側面にランダムに影響していることを考えれば、どんな人にもどこかに遺伝的欠点が潜んでいるはずなのだ。だからこそ、いまどんなに遺伝的素質に恵まれない人に対しても、それゆえに理不尽に差別され取りこぼされることのない態度、思想、方法、政策を考案しなければならないのだと思う。

いや、そもそも遺伝なんてそれほど大問題ではありませんよ。だって遺伝は環境と相互作用するんでしょ。結局は環境のことだけ考えて、その環境さえよくすれば、いずれ世の中はよくなりますよ。遺伝にはいまのままパンドラの箱の中でじっとしていていただいても、何の問題もありません――そんな声が聞こえてくる。私も遺伝が本当にその程度のものならば、それに越したことはないと思う。

しかし、2つの意味でそうは思えない。一つは第3章で示したように、環境の影響はたしかに無視できないほど大きいが、環境にも遺伝要因が入り込み、遺伝と環境の交互作用もあって、一人ひとりの遺伝を知らずして一般的な「よい環境」を考えることなど、幻想であることが明らかだから。そしてもう一つは、第4章が明らかにしたように、遺伝の影響が分子レベルからますますわかるようになってきたからである。

パンドラの箱を開けたといい、ゲノム研究は革新的時代に入ったと述べながら、最後の章ではあえて私は、「いまのままで正しい」という保守的な主張を行った。本書が描いた内容から、行動遺伝学のもたらす危険性を予言して批判したり、逆にそこから新しい教育制度、新しい政治制度、新しい社会思想のありかたについて自説を披露したりするのは、ある意味で簡単な知的思考実験である。それはいろいろな立場の人たちが、それぞれに多様に展開してくれるだろう。それだけでも十分に新しいことであり、それこそが正しいことであり、そうした議論が起こるだけでも、本書を出版した意義は十分にあると信じている。

ブルーバックスで執筆させていただくのは、２０００年に刊行した『心はどのように遺伝するか　双生児が語る新しい遺伝観』以来23年ぶりである。まずは本書の企画を立ち上げていただいた当時の担当者で、いまは講談社現代新書に移っている高月順一さんに、出版の機会を最初につくっていただいたことへの謝意を伝えたい。そしてその後を引き継いで編集の労を取っていただいた山岸浩史さん、ブルーバックス編集長の篠木和久さんにお礼を申し上げます。前著の執筆当時はまだ自分のオリジナルデータがほとんどなく、海外の文献の紹介にとどまっていた。その後、プロジェクトを進め、本書ではオリジナルの研究もまじえながら行動遺伝学の現状を紹介することができた。これはひとえにプロジェクトを推進してくれた共同研究者、それをサポートしてくれた秘書やアシスタントや大学職員のみなさん、そしてプロジェクトに参加し協力してくださった双生児のみなさんやそのご家族のおかげである。

この間に本務校では自分の専門科目以外に、人間としての尊厳を踏みにじられ理不尽な生き方を迫られる国内外の当事者やその支援、研究をする人たちの話をうかがうオムニバス講座「人の尊厳」を受け持たせてもらった。それは、この授業創設を考えていた学部長の部屋にたまたま、双生児の遺伝子データの倫理的扱いについて相談しにいったという、ひょんなことがきっかけだったが、20年以上にわたってさまざまな話をうかがうなかで、世の中の理不尽な格差や差別を考えずにはいられなくなった。

また、東日本大震災の発生当日に日本にいなかったばかりに、あの未曽有の経験を誰とも共有できなかった不全感から、その後、毎年のように被災地を訪れ復興を見届けるという授業を開設して10年以上携わったことで、理不尽な困難から未だに抜け出せないながらも（本当の意味の

「復興」などありえないことを知った）前向きに生きている人たちと、ほんの少しではあるが触れあう機会をいただくことができ、この社会の問題の複雑さをいやおうなく考えさせられるきっかけとなった。

それらが、行動遺伝学が明らかにしてきた遺伝的な個人差の問題を考えるときの、通奏低音として心の中にあり続けている。期せずしてこのような機会を与えてくれた慶應義塾大学文学部にも感謝している（第5章で行動遺伝学をふまえた抽象的な空想を、科学書にふさわしくなくごたごたと書き綴ってしまったのはそのせいだと思う。寛容に受けとめていただければ幸いである）。その本務校を私は2023年3月で定年退職した。定年まで、そして定年後もおそらく、寄り添って話し相手になってくれる妻・敬恵には、本書でもあらためて「ありがとう」と伝えたい。

みずからの研究人生において、2000年当時は考えられなかった大規模な双生児研究プロジェクトを遂行させてもらえたのはあらためてありがたいことであったが、第3章で紹介した脳研究や、第4章で紹介した大規模なGWAS研究は、何度か試みたもののとうとう実現できないいまだった。そのためにも、わが国で行動遺伝学に関心をもち、できればこの領域で研究を進めてくれる若き研究者の出現を待っている。いまのところ、われわれの研究や世界的研究の成果の追試をしてくれる人が日本にはいない。行動遺伝学は「新しい発見」よりも「同じ結果の再現」を何よりも大事にしてきた学問である。独立のサンプルで、同じリサーチクェスチョンのもとに、異なるアイデアで双生児研究をしてくれるチームと競合し、協合できる日が来ることを期待している。

2023年4月

安藤寿康

【ま行】

【や行】

【ら行】

【わ行】

【アルファベット・数字】

【さ行】

さくいん

N.D.C.467　238p　18cm

ブルーバックス　B-2233

能力《のうりょく》はどのように遺伝《いでん》するのか
「生まれつき」と「努力」のあいだ

2023年 6 月20日　第 1 刷発行
2023年 7 月19日　第 2 刷発行

著者　安藤寿康《あんどうじゅこう》
発行者　髙橋明男
発行所　株式会社講談社
〒112-8001　東京都文京区音羽2-12-21
電話　出版　03-5395-3524
販売　03-5395-4415
業務　03-5395-3615
印刷所　（本文印刷）株式会社新藤慶昌堂
（カバー表紙印刷）信毎書籍印刷株式会社
製本所　株式会社国宝社

ISBN978－4－06－532405－9

発刊のことば

科学をあなたのポケットに

二十世紀最大の特色は、それが科学時代であるということです。科学は日に日に進歩を続け、止まるところを知りません。ひと昔前の夢物語もどんどん現実化しており、今やわれわれの生活のすべてが、科学によってゆり動かされているといっても過言ではないでしょう。

そのような背景を考えれば、学者や学生はもちろん、産業人も、セールスマンも、ジャーナリストも、家庭の主婦も、みんなが科学を知らなければ、時代の流れに逆らうことになるでしょう。

ブルーバックス発刊の意義と必然性はそこにあります。このシリーズは、読む人に科学的に物を考える習慣と、科学的に物を見る目を養っていただくことを最大の目標にしています。そのためには、単に原理や法則の解説に終始するのではなくて、政治や経済など、社会科学や人文科学にも関連させて、広い視野から問題を追究していきます。科学はむずかしいという先入観を改める表現と構成、それも類書にないブルーバックスの特色であると信じます。

一九六三年九月　　野間省一